SIFIR

Zeynep Alpar (1982), lisans eğitimini 2004 yılında sosyal antropoloji alanında, yüksek lisans eğitimini ise 2009 yılında sosyoloji alanında tamamladı. Sosyal araştırmalar ve sivil toplum kuruluşlarında çalışmanın yanı sıra, İngilizce ve Türkçe dillerinde çift yönlü çeviri yapıyor.

SIFIR

Sayıların Kökenine Yolculuk

Amir D. Aczel

Çeviren: Zeynep Alpar

BOĞAZİÇİ
ÜNİVERSİTESİ
YAYINEVİ

Amir D. Aczel
Finding Zero
A Mathematician's Odyssey to Uncover the Origins of Numbers

Sıfır
Sayıların Kökenine Yolculuk

ISBN 978-605-7827-03-6

Bütek Boğaziçi Eğitim Turizm Teknopark
Uygulama ve Dan. Hiz. San. Tic. A.Ş.
Rumeli Hisarı Mahallesi, Boğaziçi Üniversitesi
Güney Kampüs No: 11/2 Sarıyer/İstanbul
Telefon: (0212) 287 03 12-13

Yönetim Yeri:
Boğaziçi Üniversitesi Yayınevi
Boğaziçi Üniversitesi Kuzey Kampüs
ETA B Blok, 5. Kat, No: 705
Sarıyer/İstanbul

bupress@boun.edu.tr
www.bounyayin.com
Telefon ve faks: (0212) 257 87 27
Sertifika No: 45347

Genel Yayın Yönetmeni: Murat Gülsoy
Yayıma Hazırlayan: Berna Akkıyal, Ergun Kocabıyık
Kapak Tasarımı: Kerem Yeğin
Baskı: G.M. Matbaacılık ve Ticaret A.Ş.
100. Yıl Mah. MAS-SİT 1.Cadde No:88 34204 Bağcılar/İSTANBUL
Tel: +90 212 629 0024 Pbx, Fax: +90 212 629 2013
e-mail: bilgi@goldenmedya.com.tr, golden@goldenmedya.com.tr
web: www.goldenprint.com.tr, www.goldenmedya.com.tr
Sertifika No: 45463

Ekim 2020

Bilimi çok seven Miriam için

TEŞEKKÜR

New York'taki Alfred Sloan Vakfı'na, vakfın Bilim ve Teknolojinin Kamuoyunca Anlaşılması Programı'nın yöneticisi Doron Weber'e ve vakıf çalışanlarına bu kitabın yazılmasına verdikleri destek için müteşekkirim. Rahatlıkla söyleyebilirim ki Sloan Vakfı bana güvenmeseydi ve vakfın cömertçe sunduğu araştırma desteği olmasaydı bu kitap yazılamazdı; sayı sistemimizin bilinen en eski sıfırına sahip K-127 adlı değerli tarihî eser yeniden bulunamaz, bilim dünyasının dikkatine sunulamazdı.

Sıfırı aramakta pek çok kişinin yardımını aldım. Kamboçya Kültür ve Güzel Sanatlar Bakanlığı'ndan Genel Müdür Ekselansları Hab Touch'un, "Kmer Sıfırı" adını taktığı steli yeniden bulmam için verdiği muazzam desteğe minnettarım. Chamroeun Chhan, Rotanak Yang, Ty Sokheng, Sathai Khun, Darryl Collins, Takao Hayashi, C. K. Raju, Fred Linton, Jacob Meskin, Marina Ville, W. A. Casselman, Eric Dieu ve özellikle Punom Pen'den Andy Brouwer'ın yardımlarına çok teşekkür ederim.

1

1950'LERİN SONUNDA İSRAİL'İN HAYFA ŞEHRİNDE, İbrani Reali Okulu adında bir özel okulda birinci sınıfa başlarken, okula yeni gelen öğrencilere hep sorulan soruyu bana da sormuşlardı. Genç ve güzel bir kadın olan, sık sık gülümseyen ve parlak renkli uzun elbiseler giyen Nira Öğretmenim, 6 yaşındaki öğrencilerine, okulda ne öğrenmek istediklerini soruyordu. Çocuklardan biri "Para kazanmayı," bir diğeri "Ağaçlarla hayvanların nasıl büyüdüğünü" demişti; sıra bana geldiğinde, "rakamların nereden geldiğini" öğrenmek istediğimi söylemiştim. Nira Öğretmen şaşırmış gibiydi, bir an durdu, sonra bir şey demeden yanımda oturan kıza döndü. Öğretmenin cevaplayamayacağı sorular soran çokbilmiş bir çocuk değildim ben. Sadece çocukluğum epey değişik geçmişti. Öğretmenin sorusunu öyle cevaplamam da, o özel çocukluğumda yaşadığım bir şeyin doğrudan sonucuydu.

Babam, saatte 21 deniz mili hızla Akdeniz'de gezen yolcu gemisi *SS Theodor Herzl*'ın kaptanıydı; ana limanı Hayfa'dan kalkıp, efsanevi Korfu, İbiza ve Malta adalarına ve sık sık da muhteşem Monte Carlo'ya sefer yapıyordu. Babamın kaptan olarak ayrıcalıklarından biri, ne zaman isterse ailesini de gemiye alabilmesiydi. Bu imtiyazdan çok sık yararlanıyorduk; öyle ki her yıl okul döneminin ancak bir kısmında okula gidiyor, kaçırdığım günleri özel öğretmenlerle veya kendi başıma çalışarak telafi ediyor ve geçmiş sınavları okula dönünce veriyordum.

Theodor Herzl gemisi, Akdeniz'e tepeden bakan kayalıklar üstüne kurulu enfes bir sarayın bulunduğu, büyülü Monako Prensliği'ne varır varmaz, babam demir atardı; yolcular ve mürettebat bir sürat motoruyla karaya taşınırdı. Çok kişi geceleri, şehrin merkezine yakın, deniz kenarında kurulu büyük Monte Carlo Kumarhanesi'ne giderdi. Burası hiç tartışmasız, yüksek sosyete için dünyanın kumar başkentiydi. Ama prenslerle film yıldızlarının, ünlülerin hâlâ Şans Perisi'ni baştan çıkarmaya çalıştığı o meşhur kumar salonlarına benim gibi çocukların girmesi yasaktı. Bu yüzden, annemle babam da dahil gemimizdeki büyükler rulet masalarında oynarken, ben, yüksek palmiyelerle, begonvillerle, kırmızı ve beyaz zakkumlarla çevrili beyaz mermerden bu barok sarayın dışında, geminin kamarotları tarafından oyalanıyordum. Kızkardeşim Ilana'yla beraber bolluk taşan o bahçenin içindeki patikalarda koşturur, mis kokulu çalıların arasında saklambaç oynardık.

Ilana'yla ben, asla giremeyeceğimizi sandığımız o koskoca binanın içinde neler vardır, neler oluyordur diye düşünür dururduk. Acaba içeride dans mı ediyorlardı? Gemide sık sık olduğu gibi, ziyafet sofraları mı kurulmuştu? Büyüklerin orada bir nevi oyun oynadığını bilirdik, çünkü gemide hep bundan bahsederlerdi; fakat nasıl bir oyundu bu? Merakımızdan ölüyor, aramızda fısır fısır hep bundan bahsediyorduk.

Sonra günün birinde, gazinonun etrafında bize bakma sırası babamın kamarotuna geldi. Macar Laci ("Lotzi" diye okunuyor), 3 yaşındaki kızla 5 yaşındaki oğlanı dosdoğru oyun salonlarına sokmanın bir yolunu düşündü. Laci benim en sevdiğim kamarottu; diğerleri bizimle gönülsüzce ilgilenen orta yaşlı sıkıcı adamlardı (iş tanımlarında bize bakmak yoktu sonuçta). Saygılı ve kibar, ama bir şekilde soğuk ve resmiydiler. Fakat ne zaman bizimle Laci ilgilense, eğlenceli şeyler olur, beklenen davranışlarla ilgili kurallar da sık sık ihlal edilirdi. "Oğlanın derhal annesini görmesi lazım – acil bir durum!" Laci kapıdaki haşin suratlı, iri kıyım, smokinli fedaiye böyle tısladı ve cevap bile beklemeden bizi dosdoğru gazinonun içine soktu.

Dışarı atılacağız diye ödüm kopuyordu. Gazinonun biz çocuklar için kesinlikle yasak olduğunu biliyordum. Fakat işe bakın ki hiçbir şey olmadı, kimse bizi kovalamadı. Gözlerim kamaşmıştı: Süslü halılarla kaplı zeminin üzerinde yeşil çuhayla kaplı kocaman, zarif masalar gördüm; her birinin üstünde siyah ve kırmızı sayılar sırayla gidiyordu ve tek bir sayı, yeşilin içinde tek başına duruyordu. Hava sigara, puro ve pipo dumanıyla öyle ağırdı ki öksürmemek için kendimi zor tuttum.

Annemle babamı masalardan birinde görünce heyecanlandım. Ama onları rahatsız etmemem gerektiğini biliyordum. O yüzden çıt çıkarmadım ve hiç kıpırdamadım. Gerçekleşen hayalimin her an yıkılacağından korkuyordum.

Masanın başında, krupiyenin karşısında, üstünde savaş zamanından sayısız İngiliz nişanı taşıyan siyah kaptan üniformasıyla son derece şık görünen babam oturuyordu, yanında da uçuk mavi gece elbisesiyle göz alıcı annem. Annemle babamın bir yanında ABD'nin güney eyaletlerinden birinin milletvekili, diğer yanında meşhur Fransız-İtalyan şarkıcı Dalida oturuyordu; ikisi de bu seyahatte gemimizde bulunan önemli misafirlerdi. Bu masada geminin başka yolcuları da vardı ve hepsi de kendilerinden geçmişçesine büyük beklentiler içinde, masanın ortasında duran kocaman siyah çanağa bakıyorlardı; çanağın altında dönen bir çark vardı.

Bütün dikkatleri, kısa bir siyah ceket ve beyaz gömlek giymiş, siyah papyonlu bir adam tarafından çanağın içine atılan küçük beyaz topa odaklanmıştı. Laci bizi yavaş yavaş o tarafa doğru yaklaştırdı; şimdi tam annemle babamın arkasında duruyorduk. Müthiş heyecanlıydı: 21 yaşından küçük hiç kimsenin katılamayacağı bu sihirli işin tam merkezindeydik. Kardeşim de ben de Laci'nin kucağındaydık, ikimizi de birer koluyla kavramıştı; masaya yukarıdan bakan bu konumda, aşağıda olan biten her şeyi açıkça görebiliyordum.

Top çanağın içinde dönerken ürkütücü bir sessizlik oldu. Topun, çanağın alt kısmında sayıları birbirinden ayıran metallere her değişinde çıkardığı tıkırtıyı, çanağın iç kısmındaki sayıların üstünde bulunan baklava şekilli dört tane metal süslemeye her vuruşunu duyuyordum; o süs-

Babam, Kaptan E. L. Aczel ve Fransız-İtalyan şarkıcı Dalida, Monako kıyısında demirli geminin güvertesinde, 1957.

lemelere değdiğinde top hemen aşağı sekiyordu. Gerilimi ve beklentiyi hissedebiliyordum. Babam bizi fark edince birden arkasına döndü, durumu anlayarak Laci'ye gülümsedi, sonra dikkatini yeniden masaya yöneltti.

"Bak şimdi," diye fısıltıyla açıkladı Laci, "masanın üstündeki sayıları görüyorsun, dikkat et bak, o sayıların hepsinden birer tane de çarkın üstünde var. Şimdi seyret bak ne olacak." Laci beni kucağına aldı; başımı ileri uzattım, tek bir şeyi bile gözden kaçırmak istemiyordum. Küçük top hâlâ çanağın içinde dönüp duruyordu, ama yavaşlamıştı. Birazdan duracaktı. Ama nerede? Acaba hangi sayıya gelecekti? Laci, topun yalnızca bir sayıda durabileceğini anlattı bana; çünkü her sayıya ait hane, küçük metal kenarlıklarla diğer hanelerden ayrılmıştı. Çark daha da yavaşlarken, topun hangi sayıda duracağını tahmin etmeye çalıştım. Artık çarkın altında yazılı ayrı ayrı sayıları seçebiliyordum.

Bu renkli renkli sayılara bayılmıştım: Gizemli halleriyle beni çağıran süslü püslü işaretlerdi onlar; büyüyünce o işaretlerin dünyamızı yöneten temel soyut kavramları temsil ettiklerini anlayacaktım. Çuha örtünün üstündeki sayı şekillerini hiç unutmuyorum. Sayıların sihrine âşık olmuştum; aklımda onları cezbedici ve yasak bir şeylerle, keşfedilmeyi bekleyen bilinmedik zevklerle ilişkilendirmiştim. Top nihayet son bir kez sekti ve 7 rakamının üstünde durdu. Birden masada bir gürültü koptu. Masanın karşı ucunda, parlak sarı gece elbiseli, yaşlıca bir kadın yerinden sıçrayıp "Evet!" diye bağırdı. Bütün başlar ona döndü. Bazı oyuncular, belki de onun büyük galibiyetini dolaylı olarak paylaşarak kadını tebrik ettiler. Bazıları da belki kıskançlıkla ve kaybetmenin mutsuzluğuyla, hayal kırıklıklarını ifade ediyorlardı.

Krupiye, ona çeşitli renklerde bir yığın marka verdi; küçük markalar yuvarlak, büyük olanlar dikdörtgen şekilliydi ve üstlerinde büyük sayılar vardı; bu plastik parçalarının parayı temsil ettiğini anladım, her renk ve şekil başka bir meblağ demekti. O yaşta para hakkında pek bir fikrim olmasa da, bu markaların sayısından ve büyüklüklerinden, bir de masada devam eden heyecandan, bu kadının o anda zengin olduğunu anladım. Laci, krupiyenin kadına, bahse koyduğu paranın çok çok katını ödediğini; çünkü kadının tek bir sayıya oynamış olduğunu açıkladı. Kadına baktım, yüzündeki sevinci, mutlu gülümseyişini gördüm; mest olmuş bir halde "Kazandım! Kazandım!" diye bağırdığını duydum.

Sonra Laci kendi kendine mırıldanırcasına "7, asal sayı" dedi. Bu ne demekti, çok merak ettim. Laci hep önemli şeyler söylerdi, fısıldadığı bu cümlenin de bir anlamı olduğunu biliyordum.

Sonraları Laci benim matematik öğretmenim oldu; asal sayıların ne olduğunu da anlattı bana. Asal sayılara olan tutkum ömrümce sürecekti. Bir gün, Laci'nin epeydir bana matematik öğretmekte olduğunu gören annem, babama onun bu konuyu nasıl bu kadar iyi bildiğini sordu.

Babam, Laci'nin savaşın hemen ardından Moskova Devlet Üniversitesi'ne girdiğini, çok parlak bir lisansüstü öğrencisi olduğunu, fakat yaptığı araştırmaların gizli bilgilerle ilgisi bulunduğuna dair büyük bir skandalın patlak verdiğini, hatta belki de casusluktan şüphe edildiğini anlattı. Bunun üzerine üniversite KGB'den baskı görmüştü ve Laci oradan ayrılmak zorunda bırakılmıştı. Hikâye çok esrarlıydı; Laci asla bu konudan bahsetmiyordu ve kimse olaya dair ayrıntıları bilmiyordu.

Fakat anlaşılan o ki Laci, Sovyetler'den öcünü almıştı; zira bunun ardından olanlar, tüm gazetelerde yayımlanmıştı, Laci'nin sonradan yaptığı şeyi duymayan kalmamıştı. Laci üniversiteden ayrıldıktan sonra Çekoslovakya'ya gidip askerî uçak pilotu olmuştu. 1948 yılında, daha yeni kurulan İsrail devleti, çevresindeki Arap devletlerinin saldırısı altında kalmıştı. Laci, İsrail'in uçağa fena halde ihtiyacı olduğunu duymuştu. Yahudi olmayan bu adam, eğitim aldığı Çek uçaklarından birine bindiği gibi havalanmış, uçağı ta İsrail'e kadar uçurup, yeni kurulmuş olan İsrail Hava Kuvvetleri'ne hediye etmişti.

Sonra bu yeni ülkede yapacak başka işi olmadığı için, Zim Denizyolları şirketinde çalışmaya başlamış ve sonunda babamın kamarotu olmuştu. İkisi de Macar'dı, ortak bir mirası paylaşıyorlardı, görünüşleri ve hayat tarzları birbirine benziyordu. (Tesadüfen, çalıştıkları *Theodor Herzl* gemisi de adını yine bir Macar'dan alıyordu; Herzl'ın siyaset kuramı, İsrail'in kuruluşunun temellerini atmıştı.) Babamla Laci birbirilerine yakındılar; Laci kaptan kamarotluğu rolünü çok ciddiye alır, babamdan fazla uzaklaşmazdı. Gemide, iktidarın merkezine en yakın mürettebat olarak itibarından dolayı herkes onunla dost olmak istiyordu. Yeni hayatı böyleydi; fakat Laci matematiğe duyduğu sevgiyi hiç kaybetmedi; sonraki yıllarda bana matematik hakkında çok şey öğretecekti.

Gazinodaki büyük maceranın gecesinde Laci kardeşimle beni yatırırken, "Peki o sayılar nereden geliyor?" diye sordum ona. "Çözülmemiş bir bilmecedir," dedi. "Tam olarak bilmiyoruz." Ilana'yla ben hep girmeyi hayal ettiğimiz yerde geç saate kadar kalmış olmanın tatlı yorgunluğu içindeydik; Laci, sayılarla ilgili bildiklerinin bir kısmını uyku saati masalı olarak anlattı.

"Bu rakamlara, yani gördüğünüz o sayı şekillerine, Arap rakamları diyoruz," dedi, "bazen Hint rakamları, hatta Hint-Arap rakamları da denir. Ama bir keresinde babanızla ben, tüm mürettebatla beraber bir Arap liman kentinde alıkonmuştuk; orada kaldığım süre içinde Arapların şimdi kullandıkları rakamları öğrendim". Sonra çekmeceden gemiye ait bir defter çıkarıp, Arap rakamlarının hepsini büyük büyük çizdi. "Gördünüz mü, bunlar bu akşam masaların üstünde gördüğümüz rakamlara, tanıyıp bildiğimiz sayılara hiç benzemiyor." O rakamlara hayranlıkla baktım. Hiç böyle şekiller görmemiştim. Sadece 1, bizim bildiğimiz 1'e benziyordu; onun dışındaki bütün şekillere tamamen yabancıydık. 5, küçük ve bozuk bir daireydi, 0 ise nokta şeklindeydi. Laci'nin çizdiği rakamları ben de çizmeye çalıştım ama pek beceremedim.

Sonra Laci yanında getirdiği bir deste oyun kâğıdını çıkarıp, düz olarak masanın üstüne dizdi. Hepsinin üstündeki sayıları okumaya çalıştım, Ilana da kartlarla oyunlar oynadı, süslü süslü çizilmiş siyah ve kırmızı papazları, kızları, valeleri tersine düzüne çevirdi. Kâğıtları baş aşağı çevirdiğinde yine aynı göründüklerini fark etti Ilana. Sonunda, o harikulade rakamlar ve şekillerle yarım saat kadar oynadıktan sonra uyuyakaldık.

Ertesi gece Laci yine bizi yatırmaya geldi. Kardeşimle ben, kaptan kamarasının yanındaki kamarada yatıyor, gündüzlerimizi de annemle babamın kaldığı kaptan kamarasında geçiriyorduk. "Hadi yine rakamlardan bahsedelim," dedi Laci. "Hatırlıyorsunuzdur, Arapların şimdi kullandığı rakamlara pek benzemiyorlar. Fakat dahası da var, bu rakamlar Hint rakamlarına da hiç benzemiyor." Yine kâğıt çıkarıp bu sefer de, Hindistan'daki bazı toplulukların hâlâ kullandığı Hint rakamlarını çizdi ve bugün Nepal'de, Tayland'da ve başka bazı Asya ülkelerinde bunlar gibi işaretlerin kullanıldığını anlattı. "Bunu da yine tecrübelerimden biliyorum; birkaç sene önce dünya turu yaparken gemimiz Bombay'da demirlediğinde öğrenmiştim."

Bu acayip rakamlara bakıp benzerlerini çizmeye çalıştım, kardeşim de bazı resimler yaptı. Biz çocuklar uyuyana kadar, benim rakam çizimlerime hep birlikte güldük. Ertesi gece rakamların nereden geldiğine dair Laci'ye sorulacak dünya kadar soru vardı kafamda: "Bu sayılar aslında nereden gelmiş? Neden Arap rakamlarını kullanmıyoruz? Neden başka yerlerdeki insanların başka rakamları var? Peki bunların hepsini kim icat etmiş?" Cevapları hemen öğrenmek istiyordum; konuyu o kadar merak ediyordum, o kadar büyülenmiştim ki rakamlar hiç aklımdan çıkmıyordu.

Laci'nin cevabı beni biraz hayal kırıklığına uğrattı: "Gelecek ay okula başlıyorsun ya, öğretmenine sorarsın," dedi, o kadar. Buna üzüldüm. Ağustos'un sonlarındaydık, pek yakında annem ve kardeşimle beraber maalesef gemiden ayrılacağımızı, en az birkaç ay okula gideceğim için babamdan ayrı kalacağımı, gemi seyahatlerimizin kesintiye uğrayacağını biliyordum. Laci'yi, hemen hemen her gün gemiler, limanlar, şehirler ve denizcilik –ve de sayılar– hakkında yaptığımız heyecanlı sohbetleri özleyecektim.

Okulda genellikle canım sıkılıyordu. Gemide deneyerek öğrenmekten müthiş zevk alıyordum; gemideyken, dünyanın nasıl işlediğini, halen gelişmekte olan çocuk zihnimle de olsa, birinci elden görebiliyordum. Annemle babamın ve gemi kamarotlarının, en çok da bizimle gerçekten ilgilenen, çok dikkatli bir insan ve iyi bir yönlendirici olan Laci'nin bana hayatı öğretmesini seviyordum. Halbuki okulda her şey ezbere dayalı gibiydi, derslerin hepsi gerçeklerden kopuktu; hiç heyecanlı da değillerdi. Okulda hiçbir gayret göstermiyordum, yapabileceğimin en azını yapıp yeniden babamın yanına gemiye gitmemize kalan günleri sayıyordum. Dostumun, rehberimin yanına dönmeyi iple çekiyordum; çocuk sezgilerimle, onun bana öğrettiğinden çok daha fazlasını bildiğini hissediyordum.

Gazinoda kumar masasında gördüğüm süslü rakamların kökenini bulmak bende takıntı haline gelmişti. Her yerde kullandığımız rakamların ilk nereden çıktığını bilmek istiyordum ve Laci'nin bana onları biraz daha anlatmasını, seyahat ederken bana sayılar hakkında yeni şeyler göstermesini sabırsızlıkla bekliyordum. Burada birbiriyle ilişkili iki ayrı kavram olduğunu daha yeni yeni anlamaya başlıyordum. Bir sayılar vardı, bir de rakamlar. Sayılar soyut varlıklardı. *Sayı* kavramının tam derinliği hâlâ benim kavrayabileceğimin çok ötesindeydi, ama orada daha keşfedilecek pek çok şey olduğunu seziyordum. Sayıları temsil eden işaretlerin, yani bugün kullandığımız 10 tane rakamın nasıl ortaya çıktığını öğrenmek içinse yeterince olgundum.

GEMİYLE ÇIKTIĞIMIZ BİR SONRAKİ SEFER, özel bir seferdi. Gemicilik şirketi, parti adalarına ve şaşaalı gazinolara gidilen her zamanki keyif gezintilerinin (gemilerde kumar oynamanın norm haline gelişinden önceydi bu) yerine, amiral gemisini babamın kaptanlığında bir tarih-eğitim gezisine gönderiyordu (bu da bir başka yenilikti; kitlesel "kültür turları" daha ortaya çıkmamıştı). Önce Atina'nın limanı Pire'ye indik; yolcular Akropolis'i uzman rehberlerle gezdiler; Yunan demokrasisinin, mimarisinin, heykel sanatının ve matematiğinin doğuşu hakkında konuşmalar dinlediler.

Babam tatlı hayatı severdi; geminin kaptanı olarak da öyle bir hayat yaşıyordu. Geldiğimiz her limanda, yerel denizcilik acentesi onu şehrin en pahalı ya da en değişik lokantasında yemeğe davet ederdi. Pire'de geminin acentesi Bay Papaioanis'ti. Aslen Patmos adasından olan şen şakrak, göbekli bir adamdı Bay Papaioanis. Hepimizi, denize nazır sokaklardan birinde bulunan sahil lokantası *To Poseidoneion*'da (Poseidon'un Yeri) akşam yemeğine davet etti. Yıllar sonra bugün o akşamı düşününce hâlâ, açıkta yanan ateşin üstünde ızgarada pişen taze karidesin kokusu burnuma geliyor, denizden esen hafif rüzgârı yüzümde hissediyorum ve gözlerimi kapattığımda uzaklarda suyun üstünde ince ince oynayan balıkçı teknelerinin ışıklarını görüp, kumlara vuran dalgaları duyuyorum. Harikulade bir akşamdı, hiç bitmesin istemiştim. Yunanistan'la ve onun keyifli dünyasıyla böyle tanıştım. Bu güzel yemeğin ardından hep beraber deniz kenarında uzun bir yürüyüşe çıktık, dolaşarak Pire limanına vardık ve merkezdeki iskelelerden birine, iki feribotun arasına demirlemiş gemimize bindik.

Ertesi sabah Laci beni erkenden uyandırdı. "Bugün annenle kardeşin alışverişe gidince, ben de seni Antik Yunan rakamlarını görmeye götüreyim," dedi. "Harika!" diyerek yataktan fırladığım gibi giyinmeye başladım. Heyecanlı bir gün olacaktı. Babamın kocaman kamarasına gidip Laci'yi beklemeye koyuldum. Kahvaltımı hazırlamıştı bile; sıcak çikolatamı içip, geminin fırınında pişmiş, hâlâ dumanı tüten kruvasanı keyifle yedim.

Babam köprü üstündeydi, annemle kardeşim daha uyuyorlardı. Ben kahvaltımı bitirmek üzereyken babam kamaraya geldi. "Erkencisin," dedi. "Evet," dedim heyecanla, "Laci beni Atina'ya, Antik Yunan rakamlarını görmeye götürecek!" Babam başını salladı. Laci'yle ilişkimin benim için ne kadar önemli olduğunu, onunla rakamlara bakmaya gitmek için ailemle geçireceğim vakti bile feda edebileceğimi babamın anladığından –yahut buna memnun olduğundan– pek emin değildim.

Laci geldi, borda iskelesinden rıhtıma inip bizi bekleyen arabaya bindik. Atina'ya giden yoğun sabah trafiği içinde, Pire ile başkent arasındaki kalabalık tepeler arasından geçtik. Hava epey kirliydi (Atina bölgesi de Los Angeles gibi, sıcak havanın ters dönüp gazı ve parçacıkları aşağı indirmesinden mustariptir); bu yüzden sık sık öksürüyordum. Aşağı yukarı bir saatte Atina'ya vardık; araba bizi Akropolis'in altında, dükkânlar ve kahvelerle dolu kent meydanı Plaka'da indirdi. Oradan Akropolis tepesinin dik patikasını tırmanarak Parthenon'a, Yunan tanrıçası Athena için MÖ 5. yüzyılda yapılmış tapınağa çıktık.

Beyaz taşlardan patikayı çok yavaş tırmandık. Burada hava temiz, serindi ve çiğdemler açmıştı; çevremizdeki ağaçlar taze taze çam kokuyordu. En tepeye varınca giriş ücretini ödeyip eski Akropolis'in harabelerine girdik. Sonra yine ağır ağır meşhur Parthenon'un taş basamaklarını çıktık. Ben zaman zaman durup soluklanıyor ve yaklaşmakta olduğum tapınağın muhteşem görüntüsünü aşağıdan izliyordum.

Laci, "Çok güzel, değil mi?" diye sordu.

"Evet," dedim. "Bu sütunlarla çok güzel bir bina."

"Sütunlar mermerden," dedi. "Ama sana neden o kadar güzel geliyor, biliyor musun?" Bilmediğimi söyledim. "Oranlarından dolayı," dedi. "Parthenon, altın oran denen Antik Yunan oranına göre yapılmış. Eninin boyuna oranı 1,618 civarında ve bizim güzel bulduğumuz birçok şey bu sayıyla orantılı. Bu oran doğada da görülüyor." Hayranlıkla dinliyordum. Laci, altın oranın Fibonacci dizisi denen bir sayı dizisinden çıktığını anlattı; bu dizinin nasıl bulunduğunu gösterdi. Her sayı kendinden önceki iki sayının toplamıydı: 1, 1, 2, 3, 5, 8, 13, 21, 34 ve böyle devam ediyordu. Bu dizide eğer bir sayıyı kendisinden bir önceki sayıya bölerseniz 1,618 altın oranına yakın bir sonuç bulursunuz. (Mesela, dizi 55 ve 89'la devam ediyor. 89'un 55'e oranı 1,61818... .) Bu fikir bana olağanüstü gelmişti.

Parthenon'un içine girdiğimizde bazı heykeller gördük; tanrıça Athena'nın çok güzel heykelleri vardı ve yüzünde antik çağlardan kalma kırmızı ve altın boyalar duruyordu. Laci eğilip heykellerden birinin kaidesinde, mermere kazınmış harfleri gösterdi. "Bak," dedi, "işte sana bunu göstermek istiyordum." Tanımadığım bir harf gördüm. Yunan harfiydi. "Yunan harfleri sadece yazı yazmak için değil, rakam olarak da kullanılıyordu," dedi Laci. Gösterdiği harfin Yunan alfabesinin delta harfi olduğunu söyledi. Delta 4 demekti. "Bu heykel bir zamanlar burada duran heykellerin dördüncüsüymüş," dedi.

Bir saat orada kalıp Antik Yunan medeniyetinin bu anıtını hayranlıkla inceledikten sonra, tapınaktan ayrılıp yavaş yavaş aşağı inmeye koyulduk. Durduk, bir zamanlar bu sütunlu yapının parçası olan düz bir mermer parçasının üstüne oturduk. Buradan Parthenon'u seyredebiliyorduk. Hava sıcaktı, Laci'nin aldığı suları içtik. Biraz dinlendikten sonra, Laci bir defter çıkardı ve Yunanların harfleri nasıl rakam olarak kullandığını, sadece harflerin olduğu ve 0'ın bulunmadığı bu sistemde nasıl aritmetik işlem yapıldığını gösterdi. Şöyle yazdı:

A	B	Γ	Δ	E	F	Z	H	Θ	I	K	Λ	M	N
1	2	3	4	5	6	7	8	9	10	20	30	40	50
Ξ	O	Π	Ϙ	P	Σ	T	Y	Φ	X	Ψ	Ω	ϡ	
60	70	80	90	100	200	300	400	500	600	700	800	900	

Yunan harflerinin rakam olarak kullanılması (arkaik *digamma, koppa* ve *sampi* harfleri dahil).

O zamanın, yani klasik Yunanistan'ın doruk noktası olan MÖ 5. yüzyıla ait Yunan alfabesi, antikçağdan bu yana kullanılmayan harfleri de içeriyordu. Bunlar, 6 için kullanılan *digamma* (F), 90 için kullanılan *koppa* (Ϙ) ve 900 için kullanılan *sampi*'ydi (ϡ). Yani MÖ 5. yüzyılda Yunanlar artık yazı yazmakta kullanmadıkları bir alfabenin harflerini canlandırmış, böylece sayı olarak kullanmaya yetecek kadar simge elde etmişlerdi.

Laci sayıları ifade etmek için harf kullanma âdetinin Fenike kökenli olduğunu belirtti; İbrani alfabesi de aynı yerde doğmuştu. Bugün dahi bazı dindar Yahudilerin, 1'den 12'ye kadar olan sayıların İbrani alfabesinin harfleriyle gösterildiği saatler kullandığını anlattı. Oradan, dünyanın en büyük arkeoloji müzelerinden biri olan Atina Müzesi'ne gittik. Çok güzel tanrı ve tanrıça heykellerinin arasında, rakamların harfle gösterildiği bazı taşlar gördüm.

Gemiye dönüş yolunda Laci şoförü Pire'de bir ara sokakta durdurdu; ben arabada beklerken o elektronik eşyaları ucuza satan, dükkân benzeri bir yere girdi. Döndüğünde elinde küçük bir paket vardı. "Ufak bir transistörlü radyo aldım," dedi. O zamanların, yani 1960'ların başlarının yeni popüler ürünüydü bu; insanlar transistörlü radyoya deli oluyorlardı. Radyosunu dinleyerek sokakta yürüyen bir insan görmek, bugün sokakta cep telefonuyla konuşarak yürüyen birini görmek kadar sıradandı. "Birine hediye edeceğim," dedi Laci. O zaman aklıma başka bir şey gelmedi.

Theodor Herzl gemisi o gece Pire limanından ayrılıp Napoli'ye doğru yola çıktı. Yolcular o gün yakındaki Pompei'yi görmeye gittiler. Sonraki Civitavecchia'ya, yani Roma'nın bugünkü limanına gittik (Antik dönemde Roma'nın limanı Ostia'ydı). Yolcular Roma'yı gezdiler, Roma kenti ve imparatorluğu hakkında ayrıntılı bilgi edindiler. Rakamların tarihiyle ilgilenen bir çocuk için unutulmaz bir seyahatti bu.

Pompei'de Laci'yle beraber, antik şehirde evleri numaralandırmakta kullanılan Roma rakamlarını takip ettik: Hepsi de Latin harfleriydi. Kentin yıkıntıları, Vezüv yanardağı 79 yılında patlayarak büyük bir felakete yol açtığından beri, 2 bin yıl boyunca volkan küllerinin altında durduğu için çok iyi korunmuş haldeydi. Pompei Müzesi'nde yine harflerle yazılmış rakamlar gördük; bunları okumak, hatta temel aritmetik işlemleri yapmaya çalışmak çok zevkliydi.

Roma, yeni palazlanan bir rakam avcısı için şölen gibiydi. Her yerde Roma rakamları. En ilginci de, Romalıların cetvelle çizilmişçesine dümdüz olan yollarına yerleştirdikleri mil taşlarıydı. Bu antik işaretlerden mesafe okumakta yavaş yavaş ustalaştım. Bunları müzelerde ve Roma yollarının en meşhuru olan Via Appia Antica'da görüp okuyordum.

Laci bana Romalıların sayı sistemlerini nasıl geliştirdiğini de açıkladı tabii ki. Bütün Roma rakamlarını çizip gösterdi: I 1, V 5, X 10, L 50, C 100, D 500, M de 1.000'di. Sayıları bu yöntemle yazınca, rakamların mecburen gittikçe uzadığını anlattı... Mesela bir Romalı XVIII'i LXXXII'yle çarpınca MCDLXXVI'yi bulacaktı. Halbuki biz bugün aynı işlemi çok daha basit bir şekilde, 18 × 82 = 1476 diye yapıyoruz ve bunu daha çabuk ve etkin şekilde hesaplıyoruz. Laci bana böyle bir işlemi Grekoromen [Yunan-Roma] sisteminde yapıp yapamayacağımı sordu ve bu sistemin çarpım tablosunu kurdurdu; tablo o kadar kocaman ve karmaşıktı ki tamamlamam bir hafta sürdü. Hayret vericiydi, ama bu kullanışsız sayı sistemi ta 13. yüzyıla kadar Batı'da yaygın bir şekilde kullanılmıştı; bugün bildiğimiz sayılara ancak o zaman geçilmişti.[1]

Matematik âşığı bu adamın bana sayılar hakkında öğrettikleri, okulda öğrendiklerimden çok daha fazlaydı; ona müteşekkirdim. Ama bugün kullandığımız on rakamın sırrı hâlâ kafamı kurcalıyordu. Bu arada, okula devam edip olgunlaşmaya ve babamın gemisinde Akdeniz'de dolaşıp rakamların peşinde maceralar yaşamaya devam ettikçe, soyut –ve daha da esrarengiz– "sayı" kavramını anlamaya başladım. Mesela 3'ün "üçlük" *fikrini* ifade ettiğini fark ettim: Evrende üç olan her şeyin paylaştığı bir özellikti bu. Bunların hepsi, üç olma vasıflarıyla, eşsiz bir işaret olan 3 ile tanımlanıyordu. Aynı şekilde 5 de, beş tane olan her şeyin paylaştığı "beş olma" niteliğini temsil ediyordu. Bu harikulade keşif, rakamların nereden geldiğini bulmayı daha da çok istememe yol açtı; çünkü rakamlar benim küçükken hayal edebileceğimden çok daha derin, çok daha çekici bir şeyi ifade ediyorlardı. Hayatımı, sayıların kökenini bulma peşinde dünyayı dolaşarak geçirmek istiyordum. Bu muhteşem on rakamı kim icat etmişti? Kendime bu soruyu sorup duruyordum; bir de şu soru vardı: "Üçlük," "yedilik," "üç yüz beş olmak" gibi bir kavramın, belli bir şekilde düzenlenen yalnızca on tane işaretle sade bir şekilde gösterilebileceğini, bu müthiş fikri kim düşünmüştü acaba?

1 Paul Keyser, Latin rakamlarının şekillerinin analizi ve bunların Etrüsk işaretlerinden türetilmiş olması hakkında yeni bir teoriyi güzelce anlatmış: "The Origin of the Latin Numerals from 1 to 1000," *American Journal of Archaeology 92* (Ekim 1988): 529-46.

2

1972'DE LİSEYİ BİTİRİP İSRAİL ORDUSUNDA zorunlu askerliğimi yaptıktan sonra, Berkeley'deki California Üniversitesi'nin Matematik Bölümü'ne kabul edildim. Babamın gemisinde son bir seyahate çıkacaktım. O sırada Zim Denizcilik'in yolcu taşımacılığıyla ilgili kısmı olan Zim Deniz Yolları'nın kötü idaresinden dolayı şirket çok para kaybetmiş ve bütün yolcu gemileri satılmıştı; babam da artık *M. V. Yaffo* adında küçük, yavaş ve eski bir yük gemisinin kaptanı olmuştu. Gemi, Akdeniz ile Kuzey ve Güney Amerika arasında sefer yapıyordu. Babamın Temmuz sonunda Hayfa'dan demir alan gemisinde misafir olarak Berkeley'e gideceğim uzun deniz yolculuğuna başladım.

Kamyon limuzinden ne kadar farklıysa, yük gemisi de yolcu gemisinden o kadar farklıdır. Nakliye kamyonları gibi yük gemileri de kirli, tozlu olabilir, ama kamaraları geniştir; yolcu olmadığı için çok sayıda insanı sınırlı kamara alanlarına sıkıştırmaya da gerek yoktur; dolayısıyla mürettebat daha rahattır. Diğer yandan yapacak bir şey de yoktur: Kokteyl partileri, barlar, balo salonları olmaz yük gemilerinde; heyecanlı toplaşmalar da olmaz. Yük gemisinde yolculuk ederken insan yalnız hissedebilir.

Ama Laci yine babamın kamarotuydu ve ben onunla yine çok mutluydum. Bu seyahat sırasında sık sık matematik konuştuk.

Yetişkin olarak artık, çocukluğumdan beri merak ettiğim esrarlı konunun aslında iki ayrı esrarlı konu olduğunu anlıyordum. Birincisi, ilk rakamların nereden çıktığıydı: Zamanla dünyaya egemen olan dokuz rakamı ve sıfırı insanlar nerede ve ne zaman icat etmişlerdi? İkincisiyse daha büyük bir bilmeceydi ve ben artık onu diğerinden ayırt edebilecek düzeydeydim: İnsanlar sayı kavramını nasıl soyutlamışlardı? Sayı fikri nasıl doğmuş, tarih boyunca nasıl gelişip olgunlaşarak bizi şimdi içinde yaşadığımız dijital topluma getirmişti?

Gemi okyanusta yol alırken, Laci'yle bu ikinci fikir üstüne saatlerce konuşuyorduk. Elbette, çocukken yaptığım sohbetlerden çok daha derin bir sohbetti bu ve Laci, matematiğin her daim en önemli konulardan olduğu Rusya'nın en iyi üniversitesinde matematik doktorası sırasında edindiği entelektüel birikimini ortaya dökerek konuşuyordu. Laci'yle güvertedeki şezlonglarda oturup, benim daha yeni yeni anlamaya ve hayranlık duymaya başladığım matematik kavramları üstüne konuşmak büyük bir zevkti. Bana çocukken öğrettiği fikirlerden, yani rakamlardan, sayılardan, asal sayılar ve esrarengiz Fibonacci dizisinden devam ederek ilerledik.

ATLAS OKYANUSU'NU NİHAYET AŞIP birkaç gün Kanada'da, Nova Skotia'nın Halifax limanında demirledik; sonra New York'a, oradan Güney Carolina'nın Charleston kentine indik. Miami benim son limanım oldu; gemi oradan Karayiplere ve Güney Amerika'ya devam edecekti. Uçakla San Francisco'ya uçup öğrenimime başlamak üzere gemiden inmeden hemen önce, Laci bana veda ederken bir şey söyledi: "Küçükken rakamlar nereden geliyor diye konuşurduk, hatırlıyor musun? Belki bunu bulursun. Bir kere bir bilim dergisinde, bir Fransız arkeoloğun Asya'da sayılarla ilgili bir şey bulduğunu okumuştum, ama yıllar önceydi. Sıfırla ilgili önemli bir şeydi. Maalesef hiçbir ayrıntısını hatırlamıyorum."

Laci'nin ayrılırken söyledikleri kafama takıldı, ama bu araştırmayı daha ileri götürmeye hiç fırsat bulamadım. Berkeley'de aldığım matematik dersleri nedeniyle programım çok yoğundu. Dersler zordu fakat genellikle zevkliydi; sınavlarla, notlarla ve matematikçi olmak için öğrenmem gereken şeylerle uğraşıyordum.

Fakat bu derslerde (çoğu matematik dersiydi, ama arada antropoloji, sosyoloji ve felsefe dersleri de vardı) sayılar ve sayıların gelişimi hakkında da birçok şey öğrendim.

Kavram olarak sayılar, düşündüğümüzden çok daha eskidir. 1960 yılında, Jean de Heinzelin de Braucourt adlı bir Belçikalı kâşif, bugün Uganda ile Kongo (o zamanlar Belçika Kongosu) sınırında bulunan Ishango bölgesini incelerken garip görünen bir kemik buldu. Bu bir babunun incik kemiğiydi ve üstünde birtakım çentikler vardı. Daha sonra yapılan analizlerde, bu işaretlerin çok erken döneme ait sayma işaretleri olabileceği sonucuna ulaşıldı. Kemiğin üstünde birbirinin eşi çentiklerden oluşan üç küme var; bunların ilki toplam 60, ikincisi 48, üçüncüsü yine 60 çentikten oluşuyor. İşaretler, her birinde 5, 7, 9, 11 ya da 13 çentikten oluşan birkaç grupta toplanmış. Bu kemiğin yaşı bilimsel olarak hesaplandı ve 20 bin yıllık olduğu bulundu: Yontma Taş Devri'ne (Paleolitik), insanların avcı-toplayıcı gruplar halinde yaşadığı döneme aitti. Ishango kemiği, çok çok uzun zaman önce Afrika'da yaşamış insanların yaptığı bir çeşit sayma işlemine dair, bilinen en eski kanıtlardan biridir. Kemik bugün Brüksel'deki Belçika Kraliyet Doğa Bilimleri Enstitüsü'nde sergileniyor.

Ishango kemiği ne anlatıyor? Muhtemelen tarih öncesi dönemde Afrika'da ormanlarda yaşayan ilk insanlar, ölü hayvanların kemiklerini kullanarak, avlayabildikleri hayvan sayısı ile bir kemiğin üstüne çizdikleri çentikler arasında ilk *bire bir eşlemeyi* kurmuşlardı. Bu tam olarak saymak sayılmaz, ama ona yakın bir şeydir. Böylece, çentiklerin daha çok olduğu kemiğin sahibinin daha çok hayvan avlamış olduğunu herkes görebilirdi; belki de *sayının* tamı tamına kaç olduğunu bilmese bile. Tabii bunların hepsi hipotez, ama çok mümkün bir hipotez.

Ishango kemiği muhakkak ki sayma öncesi aşamaya ait en iyi örnek. Fakat Avrupalı insanların da bir çeşit sayma öncesi yöntem kullandığını gösteren bazı kanıtlar var. Ishango kemiğine ek olarak, Avrupa'da da, yine çentik sayımı olması muhtemel bazı işaretler taşıyan ve yine

Ishango kemiği: 20 bin yıllık bu kemik, bir babunun incik kemiği ve üstünde, türümüzün sayı saymasına dair en eski izlerden biri olduğu düşünülen çentik izleri var.

Yontma Taş Devri'ne tarihlenen bazı hayvan kemikleri bulundu.[1]

Cilalı Taş Devri (Neolitik) taş düzenlemeleri, saymaya benzer bir şeye dair daha ileri tarihli bir kanıt sunuyor. 6 bin yıllık olduğu düşünülen bu taşlar, Fransa'nın Bretanya kıyılarındaki Carnac'ta bulunuyor. Bu anıt taşlar tuhaf bir şekilde, gruplar halinde bulunuyor ve gruplar çoğunlukla asal sayıda taştan oluşuyor: 7, 11, 13 ve 17. Bu bir tesadüf mü, yoksa bir tür saymayı mı temsil ediyor; hatta belki de sayılara dair daha derin bir kavrayış mı söz konusu? Bunu bilemiyoruz. Carnac, onlarca yıldır pek çok girişim olduğu halde arkeolojinin bir türlü açıklayamadığı bir bilmece. Son derece ağır olan bunca taşın ne diye sıra sıra dizildiğini kimse bilmiyor. Belki de Stonehenge'le bir bağlantısı var; orada da benzer taşlar aşağı yukarı aynı zamanlarda daire şeklinde dizilmişti.

Lakin Ishango ve Carnac bugün sayı dediğimiz şeyi göstermiyor. Gündelik hayatta sayılar, insanların parmaklarını kullanarak bir niceliğin basit temsillerini yapmasıyla başladı. 2.500 yıl önce Aristoteles şöyle yazıyordu: "Yoksa insanlar ellerinde on parmakla doğup, parmaklarıyla eşit

1 Georges Ifrah'ın *Rakamların Evrensel Tarihi* kitabında, üstünde işaretlemeler bulunan çok eski kemiklerin fotoğrafları yer alıyor.

sayıda çakıl taşına sahip oldukları için mi başka her şeyi sayarken de bu sayıyı kullanmaya başladılar?"[2] Ayak parmaklarımız da on tane olduğu için, ilk toplumlar 10'dan sonraki sayılara devam etmekte ayak parmaklarını kullandılar. Çok uzun zaman önce kullanılmış 20 tabanlı sayı sisteminin izleri Fransızcada hâlâ mevcut; mesela 80'e *quatre-vingt* (dört yirmi) deniyor.

Kullandığımız sayma şekli belli ki doğanın tesadüflerinden geliyor: elimizde ve ayağımızda beşer parmak olmasından. Hatta bazı dillerde, mesela Eski Kmercede 5, diğer sayıların ilişkilendiği bağlama noktası olarak kullanılıyordu: 4'ten sonra 5 gelir, sonra 5 ve 1, 5 ve 2, böyle 10'a kadar gider; 10, bir sonraki bağlama noktasıdır. Avrupa'da erken dönemde kullanılan sayılarda, Roma rakamlarında da aynı eğilimi görüyoruz: Roma rakamlarında IV, V, VI, VII, VIII hep 5'e (V) bağlanır; ancak 8'den sonraki sayılar 10'la ilişkili olarak kullanılır: IX, X, XI, XII, XIII. Yani 5'in ve 10'un anahtar sayılar olarak kullanılması, dünyanın farklı yerlerinde birbirinden ayrı olarak gelişmiştir.

Eski Hindistan'da bağlama noktası 10 sayısıdır. Burada ondalık sayılar çok erken dönemden itibaren kullanımdaydı; MÖ 6. yüzyıldan kalma kimi yazıtlarda ondalık sayılara rastlanıyor. Üslü sayıları kavrayan (basitçe on parmaklarını kullandılar, sonra on parmaklarını on defa kullandılar, mesela her bir parmak için on kişi, her kişinin on parmağı) antikçağ Hintlileri, bu işlemin sonsuza dek sürebileceğini de anladılar. On parmağını kaldırmış on kere on kişi, 10 üzeri 3'tü; on parmağını kaldıran on kere on kere on kişiyse 10 üzeri 4; bunun böyle devam etmesinin sınırı yoktu.

Çin'deki Han Hanedanı döneminde (MÖ 206-MS 220), "Matematik Sanatı Üzerine Dokuz Bölüm" başlıklı bir matematik kitabı yazıldı. Burada hem kırmızıyla yazılmış pozitif sayılar, hem de siyahla yazılmış negatif sayılar

2 Thomas Heath, *A History of Greek Mathematics*, c. I (New York: Dover, 1981), s. 7.

kullanılmıştı. 3. yüzyılda Mısır'da yaşamış büyük Yunan matematikçi Diofantos da yazdığı bazı denklemlerde negatif sonuçlara ulaşmış, fakat bunları gerçek dışı sayarak reddetmişti. Demek ki negatif sayı fikri epey eskiydi, ama insanlar bu sayıları anlayamıyorlardı. Bugün muhasebede kullanılan çift kayıtla defter tutma sistemi 13. yüzyılda Avrupa'da geliştirilmişti ve bunun bir sebebi de, negatif sayı kullanmaktan kurtulma çabasıydı. Negatif sayıları tanımlayabilmek *sıfır* kavramını gerektiriyor.

Negatif sayılar bir bakıma, pozitif sayıların sıfırın öteki tarafındaki aksidir. Bir sayı doğrusu çizerek bunu görebilirsiniz; 0'dan başlayıp sağa doğru 1, 2, 3... diye gider, sonra 0'ın solundaki sayıları bu kez sola doğru –1, –2, –3... diye devam ettirirsiniz. 0'ın üstünde bir ayna dursa, –1 sayısı +1'in yansıması olur. Ama 0'ın matematikte ve matematik uygulamalarında bundan başka önemli rolleri de var. Ayrıca fizikte, biyolojide, mühendislikte ve başka alanlarda bazı temel denklemlerde 0 çok önemli bir öğedir (Maxwell denklemleri buna iyi bir örnektir).

SAYI DOĞRUSU

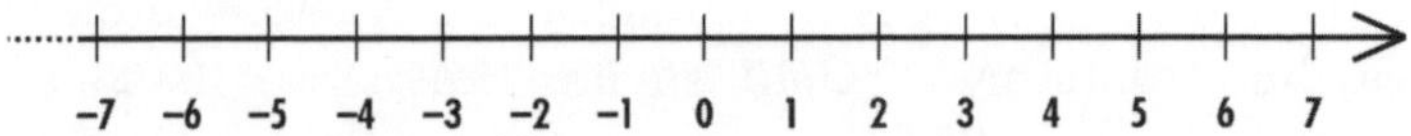

Eski Babilliler 10'a değil 60'a dayanan karmaşık bir sayı sistemi geliştirmişlerdi. Sistemde gerçek bir sıfır yoktu. Sıfırın olmamasından dolayı birtakım belirsizlikler ortaya çıkıyordu ve bu belirsizlikler ancak bağlama bakarak anlaşılabiliyordu. Buna benzer bir örneği günümüzden verelim: Örneğin, biri size bir şeyin ederinin "bir buçuk" olduğunu söylediğinde, eğer ayrandan bahsediliyorsa 1,50 TL demek istediğini anlarsınız; konu bir evin kirasıysa bu sayı 1500 TL'dir. Babilliler de kullandıkları külfetli sistem nedeniyle sürekli böyle varsayımlarda bulunmak durumdaydı. Fakat ilginçtir ki onların antik sisteminin bazı kalıntıları bugün de kullanılıyor: 1 dakika 60 saniye, 1 saat

60 dakika, daire 360 (6 × 60) derece. Ama bugün Babil sistemini kullanmaya kalkışmak, el ve ayak parmaklarınızla hesap yapmaya çalışmak kadar yetersiz kalacaktır.

Burada ilginç bir soru var: Neden 60 tabanını kullanmışlar? On parmağımız var, dolayısıyla 10 tabanını kullanmak akla yatkın, hadi ayak parmaklarımızı kullandık diyelim, 20 tabanı da tamam. Peki 60 nereden çıktı? 1927 yılında, Avusturyalı-Amerikalı önde gelen bilim tarihçisi Otto Neugebauer, 60 gibi büyük bir sayı tabanının, Babil'de sayıları kullanmakta karşılaşılan önemli bir pratik sorunu çözmek için tercih edildiğini ileri sürdü. Bir bütünün bir kısmının, yani ½, ⅓, ¾ ve ⅔ gibi kesirlerin ölçü olarak kullanılması sık sık gerekiyordu: İnsan yarım somun ekmek almak, bir tekerlek peynirin üçte birini veya yemeğin üçte ikisini satın almak isteyebilirdi. En çok kullanılan kesirler olan ½, ⅓, ¾ ve ⅔ gibi sayılar, parmaklardan soyutlanmış on sayının kullanıldığı doğal sistemde nasıl ifade edilecekti? Neugebauer, 60 sayısı 2'ye, 3'e, 4'e ve 10'a bölündüğü için buna iyi bir çözüm olduğunu, o nedenle tüm sistemin tabanı olarak seçildiğini söyledi. Bir başka hipoteze göre, Babilliler beş gezegen biliyorlardı (Merkür, Venüs, Mars, Satürn ve Jüpiter) ve kozmolojik sebeplerle sayı tabanını bu sayının, yılın (Ay takvimine göre) 12 ayıyla çarpımı olarak seçtiler.[3]

Grekoromen sistemini Yunanistan ve Roma'ya yaptığım seyahatlerden biliyordum zaten. Bu sistemde de sıfır yoktu; sıfır olmayınca aynı işaretlerin başka şeyleri anlatmak için tekrar kullanılması da mümkün olmuyordu. Dolayısıyla Babil ve Mısır sistemleri gibi, Grekoromen sistemi de sönüp gitmeye mahkûmdu; önemli tarihleri ve saat kadranında zamanı ifade etmenin şık bir yolu olarak kaldı sadece.

Derken, 13. yüzyılda Avrupa'da, dokuz rakam ve yuvarlak bir sıfırdan oluşan bir sayı sistemi ortaya çıktı. Bu

3 Bu meselede başka biliminsanlarının görüşlerini de içeren çağdaş bir anlatım için bkz. Georges Ifrah, *From One to Zero: A Universal History of Numbers* (1985, 1994), s. 91.

yenilik popüler oldu ve yüz yıl geçmeden okur-yazar toplumun her kesiminde kullanılır hale geldi. Tüccarlar, sarraflar, mühendisler ve matematikçiler bu yöntemin daha az hatayla daha çabuk hesap yapmalarını sağlayarak hayatlarını kolaylaştırdığını gördüler.

Hint-Arap rakamlarını Avrupa'ya getirenin, Pisalı Leonardo (y. 1170-1250), namı diğer Fibonacci (hani meşhur Fibonacci dizisine adını veren Fibonacci) olduğu düşünülüyor. Fibonacci bu işi *Liber Abaci* [Abaküs Kitabı] adlı eseriyle yaptı; 1202'de yayımlanan kitap, Avrupa'nın her yerinde okundu. Bu matematik eseri, Hintlilerin dokuz adet şeklini (1'den 9'a kadar rakamları) ve bir de 0 sembolünü tanıtıyordu; Fibonacci o sembolden *zephirum*, yani sıfır diye söz ediyordu. Latince *zephirum* kelimesinin kökeninin Arapça *sifr* kelimesine uzandığı tespit edildi. Yani Arap sıfırı ile Avrupa'nın yeni sıfırı arasında dilsel bir bağlantı var. Üstelik yazar dokuz tane rakamdan açıkça "Hint işi" diye bahsediyor. Böylece tek bir kaynaktan, modern sayıların hem Hint hem de Arap kökenine dair bilgi ediniyoruz.

Avrupa'ya ortaçağın sonlarında gelen bu sayı sistemi, o zamana dek kullanılan Romen sisteminden açık ara üstündü. Sayıları göstermede müthiş bir kolaylık sağlıyordu; çünkü aynı rakam, diyelim bu 4 olsun, hem kendi kendisini, hem arkasına bir 0 konunca 40'ı, hem 404'ü, hem de 4000'i ifade edebiliyordu. Arap ya da Hint veya Hint-Arap sayı sistemi, rakamları etkin ve derli toplu şekilde kullanmamızı sağladığı ve daha önce kolayca yapılamayan karmaşık aritmetik hesaplarını yapabilmemize imkân verdiği için, başka sistemlerle kıyas kabul etmeyecek kadar iyidir.

Tamam, ama dokuz tane rakama, bir de "basamak değerini bildiren" sıfıra dayalı muhteşem sayı sistemimizin asıl kaynağını hâlâ öğrenemedik... Dokuz tane rakamın, Fibonacci'nin ima ettiği üzere, Hindistan kaynaklı olduğu düşünülüyordu, ama bu görüşün tartışmasız bir bilimsel kanıtı yoktu. Sıfıra gelince: Arap mıydı, Hint miydi, yoksa başka bir yerden mi çıkıp gelmişti? Bunu hâlâ bilmiyordum.

3

GEL ZAMAN GİT ZAMAN ben matematikçi ve istatistikçi oldum. Birkaç yıl Juneau'da, Alaska Üniversitesi'nde matematik dersi verdim ve 1984'te orada, Mendenhall buzulunun hemen altında Debra'yla evlendik. Nikâhımızın yapıldığı yer duglasgöknarlarıyla çevriliydi; ara sıra ormandan boz ayılar inip Mendenhall nehrinden yukarı yüzen alabalıklarla karınlarını doyuruyorlardı. Debra'yla birkaç ay önce üniversitede tanışmıştık; üniversitenin, Alaska yerlilerinden ve aşağıdaki 48 birleşik eyaletten buraya gelen ABD'lilerden oluşan çeşitli öğrencileri ne kadar çekebildiğine ve bu nüfusu ne kadar koruyabildiğine ilişkin bir istatistik probleminde ona yardım ediyordum; derken âşık olduk.

Buzulda evlendikten birkaç sene sonra Boston'a taşındık. Ben Bentley Üniversitesi'nde çalışmaya başladım; Debra, Massachussetts Teknoloji Enstitüsü'nde (MIT) bir program yürütüyordu. Kızımız Miriam dünyaya geldi, ben matematiğin ve bilimin tarihi üstüne popüler bilim kitapları yazdım.

2008'de arkadaşım Dr. Andres Roemer, beni, açılışını yapacağı bir uluslararası konferansa konuşmacı olarak davet etti. Harvard'da politika okuyup Berkeley'de doktora yapmış olan Meksikalı entelektüel Andres, Meksika'da çekilip İspanyolca konuşulan ülkelerde yayınlanan popüler bir televizyon programının da sunucusuydu ve benden, konferansta olasılık teorisi hakkında konuşmamı istedi. Konferansa katıldıktan sonra, Debra'yla birlikte Meksiko'daki Antropoloji Müzesi'ne gittik. Bu müzede, rakamların kökenine çocukken duyduğum ilgi beklemediğim bir şekilde yeniden canlandı.

Meksika Ulusal Antropoloji Müzesi'ndeki esrarlı Aztek Güneş Taşı.

Müzenin ana salonunda, içeri giren ziyaretçinin tam karşısına gelen duvarda Aztek Güneş Taşı karşıladı bizi. Müzenin duvarına yerleştirilmiş 3,5 metre çapında, 24 tondan daha ağır bu yuvarlak taşın ortasında bir yüz var. Bunun Aztek Güneş Tanrısı Tonatiuh'un yüzü olduğu düşünülüyor. Yüzün çevresinde, şimdiye dek şifresi çözülememiş işaret ve desenler var. Eski bir takvim olabilir bu. İşte bu merak uyandırıcı arkeolojik kalıntı, yarım asır önce Laci'yle Atina'ya gittiğimizde gördüğüm bir şeyi hatırlattı bana.

Akropolis'in biraz altında, Plaka'nın hemen dışında, MÖ 2. yüzyıla tarihlenen bir Antik Yunan kulesi bulunur. Kule, denizcilerin antik dönemlerden beri tanıdığı sekiz rüzgâr yönünü temsil edecek şekilde, sekizgen olarak yapılmış. Her rüzgâr pusula yönlerinden birinden eser: kuzey, kuzeydoğu, doğu, güneydoğu, güney, güneybatı, batı ve kuzeybatı. Arada bir bağlantı olabilir miydi acaba? Merak etmiştim, Rüzgâr Kulesi gibi Aztek Güneş Taşı da sekiz ana yönü temsil ediyor olabilir miydi?

Debra'yla ben bu antik Aztek eserini hayranlıkla inceledik. Mükemmel bir geometrik tasarımı vardı ve ince işlenmiş işaretlerle bezeliydi. Gerçekten neyi temsil ettiğini ve ne için kullanılmış olabileceğini merak ettik. Yüzlerce yıl önce, matematik düşünen insanlar tarafından oyulmuş bu esrarlı taşın önünde, büyülenmiş gibi yarım saat durup sessiz sessiz konuştuk. Oradaki bir panoda, Aztek Taşı'nın muhtemelen 15. yüzyılda yapılmış olduğu ve Meksiko'nun tam göbeğinde bulunduğu açıklanıyordu.

Birkaç sene önce bir antropolog arkadaşım, bilimsel araştırmaların sandığımız gibi sadece alanda yapılmadığını, bir o kadar çalışmanın da müzelerin içinde yürütüldüğünü anlatmıştı; ben de buna şaşırmıştım. Müzelerde, temizlenmiş ve sergilenmeye hazırlanmış cisimler bulunuyor ve bunlar çoğu kez tarih, tür veya bulunma yeri, ya da bunların hepsi bakımından ilgili başka parçalarla aynı bağlam içinde sergileniyor. Bu uygulama hem uzmanların analizini kolaylaştırıyor, hem de halkın eserleri ilgiyle izlemesine imkân tanıyor. Son zamanlarda dünyanın birçok yerindeki büyük müzelerde, sergilenen eserlerle ilgili konularda videolu sunumlar yapılıyor; bu da halk eğitimi alanında önemli bir ihtiyacı karşılıyor.

Güzel bir tesadüf eseri, Aztek Taşı'nın başından ayrılıp üst kata çıktığımızda, Orta Amerika'da matematik konulu bir video oynatılıyordu. Heyecan içinde öğrendik ki 2 bin yıl önce Mayalar, oyukları (glif) sayı olarak kullandıkları çok ileri bir takvim geliştirmişlerdi ve bu sayılar arasında sıfır da vardı. Maya rakamları MÖ 37 yılına tarihleniyor ve yazımları çok basit. 1'den 4'e kadar sayılar noktayla gösteriliyor, 5 bir çizgi, 10 üst üste iki çizgi. 0 içinse hilal şeklinde bir glif oyuluyor.

Mayalar aslında dört çeşit takvim icat ettiler. Biri, Uzun Sayım takvimiydi; bugün kullandığımız takvimle MÖ 11 Ağustos 3114'e denk gelen başlangıç noktasından, yani Maya mitolojisine göre evrenin yaratıldığı tarihten bu yana kaç gün geçtiğini gösteriyordu. Yaratılıştan itibaren geçen günler, 20 tabanlı ve 18 tabanlı sayı sistemlerinin birlikte kullanıldığı bir yöntemle sayılıyordu. Bu takvimde, basamaklardan biri 18'e ulaştıktan sonra başa dönüyordu; bunun dışında, takvimde yirmilik (20 tabanlı) sayılar kullanılıyordu. Meksika'nın Yucatán yarımadasında ve Orta Amerika'nın başka bölgelerinde yaşayan Mayalar, şaşırtıcı bir biçimde, sıfır kavramını MÖ 1. yüzyıl gibi çok erken bir tarihte anlamışlardı.

Mayaların bir de Kısa Sayım takvimi vardı. 260 günlük (20 kere 13 günlük) bu döngüsel takvim, onların kutsal takvimiydi. Her döngünün sonunda, dönemin tamamlandığını göstermek üzere bir anıt dikiliyordu. Üçüncü Maya takvimiyse 360 günlüktü; 365,24 günlük olağan Güneş yılına yakındı. Mayaların 20 tabanlı normal sayı sistemi işte bu takvimden dolayı 18 tabanını da kullanabilecek şekilde düzenlenmişti; çünkü 360, 20 kere 18'dir. Mayalar eğer sadece 20'nin katlarını kullanabiliyor olsaydı, yılları 400 (20 × 20) günlük olmak zorunda kalacaktı.[1]

Mayaların dördüncü takvimi, Venüs gezegeninin yıllarına dayanıyordu. Mayalar müthiş gökyüzü gözlemcileriydi ve Venüs'ün 584 günde bir Güneş'le birlikte doğduğunu çok eskiden fark etmişlerdi. Dolayısıyla takvim, Venüs'ün 584 günün ardından yeniden başa dönmesine dayanıyordu. Maya takvimleri ve ağırlıklı olarak 20 tabanlı, sıfırı da içeren Maya sayı sistemi, bilim tarihinin en ilginç keşiflerindendir. 2012'de dünyanın her tarafından insanlar dünyanın sonu geldi diye çok korktular; çünkü o yıl Maya takvimlerinden biri sıfırlanıyordu. Hiçbir şey olmadı tabii ki, gezegenimiz dünyanın etrafından dönmeye devam etti ve bu korkunun da 12 yıl önceki "dijital kıyamet" korkusu gibi temelsiz olduğu görüldü.

Fakat Maya sistemi dünyanın geri kalanı tarafından bilinmiyordu ve ekonomik şekilde yazmaya pek de uygun olmayan gliflere dayanıyordu. Romalıların sistemine ben-

1 Maya rakamlarının, takvimlerinin ve sıfır glifinin iyi bir anlatımı, Charles C. Mann'in *1491: New Revelations of the Americas Before Columbus* kitabında mevcut (New York: Knopf, 2005), s. 22-23, 242-47.

zer şekilde, Mayalarda da sayı büyüdükçe, onu gösteren işaretler çoğalıyordu. Sıfır vardı, ama bizim sayılarımızda olduğu gibi mükemmel bir basamak öğesi değildi; ayrıca sayı tabanı ihtiyaca göre değişiyor, bazen 18 bazen 20 oluyordu. Georges Ifrah, Maya sistemine "başarısız olmuş bir sistem" diyor, zamanın sınavından geçememiş bir sistem bu.[2] Fakat bu sistemle karşılaşmak, bizim kalıcı olmuş 10 tabanlı sayı sistemimizin ve Doğu'nun ilk sıfırının, çağımızın her şeye kadir sistemindeki on tane rakamın nasıl ortaya çıktığı konusunda merakımı yeniden körükledi.

2 Georges Ifrah, *One to Zero: A Universal History of Numbers*, s. 360. [Türkçesi: *Rakamların Evrensel Tarihi*, çev. Kurtuluş Dinçer.]

4

MAYA SAYILARINI ÖĞRENMENİN VERDİĞİ HEYECANLA, ertesi yılı hayatım boyunca merak ettiğim büyük bilmeceyi çözmek için sıkı çalışarak geçirdim. Sayılar, yani *bizim* sayılar, o tanıdık dokuz rakam, 1, 2, 3, 4, 5, 6, 7, 8, 9 ve hepsinden daha önemli olan 0, nerede, nasıl ortaya çıkmıştı?

Laci'den, üniversitedeki derslerimden, kapsamlı okumalarımdan ve yaptığım araştırmalardan öğrendiğime göre, bugün kullandığımız dokuz rakamın Hindistan kökenli olduğu düşünülüyordu. Geçmişte bir noktada Hintlilerin basamak değerini göstermek için sıfırı kullanmayı öğrendiğini de biliyordum. Ama rakamların kökenine ve sıfırın doğum yerine dair gerçekler kesin olarak bilinmiyordu ve bu konuda hiç ayrıntı yoktu. Acaba söylenenler doğru muydu? Kitaplar ve makaleler beni tek bir noktaya yönlendiriyordu: Doğu'ya. Bu arada, Laci'yle gemide yaşadıklarım, bana her şeyi bizzat görüp anlama tutkusu aşılamıştı; gerçek kanıtları bizzat görmek, tarihe tanık olmak istiyordum.

Böylece Hindistan'a gitmek için plan yapmaya başladım. Orada bazı cevaplar bulabilmeyi ümit ediyordum. Hinduizm, Budizm ve Caynacılık hakkında bilgi edindim. Doğu hakkında, Asya kültürleri, âdetleri, felsefesi ve matematiği hakkında kitaplar okudum. Asya toplumlarına dair bilginin anahtarının Doğu dinleri olduğunu hissediyordum; rakamların kaynağı belki de bu dini geleneklere dayanıyordu.

O zamana kadar tamamen yabancısı olduğum bu muhteşem dinlere dair öğrendiklerimi anlatayım. Modern Hinduizmin öncüsü olarak bilinen Brahmanizm Hindistan'da ortaya çıktı ve üç büyük tanrısı var: Brahma, Vişnu ve Şiva. Her tanrının bir de dişi yönü var, buna o tanrının

Şakti'si, yani eşi deniyor. Şiva'nın Şakti'si Parvati'dir; ona Uma veya Durga da denir. Lakşmi de Vişnu'nun Şakti'sidir. Lakşmi, Süt Denizi'nden ışıyarak ortaya çıkar, yüzen bir lotusun üstünde oturur ve ellerinde birer lotus çiçeği tomurcuğu tutar. Talih bahşeden odur. Brahma, dünyaları yaratandır, ama o da Vişnu'nun karnındaki bir lotus çiçeğinden doğmuştur ve bu doğum, Vişnu'nun sonsuzluk anlamına gelen deniz yılanı Ananta'nın üstündeki sonsuz uykusundan, Lakşmi tarafından bacaklarına masaj yapılarak uyandırılması sonucu gerçekleşmiştir. Bakın burada, tanrıların ortaya çıktığı anda, matematikte çok temel bir fikir olan "sonsuz"un da ortaya çıktığını görüyoruz. Sonsuz, Ananta'da somutlaşan sınırsız bir nicelik veya uzam olarak ve sonsuz bir geçmiş şeklinde, Vişnu'nun uyanışına kadar geçen ezel şeklinde düşünülüyor.

Şimdi, Vişnu dünyaları ayakta tutan, Şiva da onları yıkandır. Şiva bu güçlü imgeleme uygun olarak sıklıkla elinde üç dişli bir asayla çizilir; bazen de stilize edilmiş bir penis ile temsil edilir. Tehlikeli bir tanrı için epeyce halim selim görünür Şiva: Yer aldığı sanat eserlerinin de göz önüne serdiği üzere, Şiva'nın en büyük ilgi alanı cinsel ilişkidir.

Vişnu'nun dört (bazen sekiz) kolu vardır. Dört kolunda kozmosun dört öğesini, yani toprağı, havayı, ateşi ve suyu temsil eden simgeler taşır. Bunlar Antik Yunan'ın evren bileşenlerine şaşırtıcı derecede benziyor. Orada da evren topraktan, havadan, ateşten ve sudan oluşuyor, ama bir de beşinci öz var: *quintessential* (tam, mükemmel) kelimesini kökenindeki *quintessence*.*

Şiva'nın hemen hemen tüm resimlerinde, alnında üçüncü bir göz vardır ve bu göz dik durur. Brahma'nınsa dört suratı vardır: kuzey, güney, doğu ve batı, her ana yön için bir yüz. Bu tanrılar hayata ve doğaya dair pek çok

* *Quintessence*'ın düz anlamı "beşinci öz"dür; "özün özü, en iyi örnek" anlamında kullanılır. Bu kavramın Türkçedeki karşılığı esîr veya eterdir —*çev. notu*.

simgeyi barındırır gibidir. Üç tanrı bir arada Trimurti'yi oluşturur; tıpkı baba, oğul, kutsal ruh üçlüsü gibi. Hatta Vişnu ve Şiva da kimi zaman tek bir bileşik gibi tasvir edilir: Dört kolu *ve* üçüncü bir gözü olan heykel, Harihara adlı tanrıyı temsil eder (Vişnu Hari, Şiva da Hara'dır). İki tanrı, ya da Brahma da dahil olduğunda üç tanrı, birlikte tek bir üstün varlığın temsilleri olarak görülürler.

Hindistan seyahatine hazırlık olarak yaptığım araştırmalarla, Doğu *felsefesinde* (belki Budizmde, Caynacılıkta ya da Hinduizmde, veya bu üç dinin hepsinde bulunan bazı fikirlerde) Doğu zihnini sayı sisteminin *her iki* ucunu tamamlamaya daha uygun kılacak bir şey olduğuna yavaş yavaş ikna oldum: Bir uca sıfırı, diğer uca sonsuzluğu eklemişlerdi.

Avrupa'da, şimdi kullandığımız sayıların gelişine dek, sıfırın olmadığını biliyoruz. Sayılar toplanabiliyor, çıkarılabiliyor, çarpılabiliyor ve bölünebiliyordu, ama sıfır kimsenin aklına gelmemişti. Mesela 5'ten 5 çıkarınca hiçbir şey kalmıyordu, ama bu şimdi sıfır dediğimiz hiçlik değildi. Hesap o noktada bitiyordu, o kadar. Hindistan'da Caynacıların çok büyük sayılar ve sonsuzluk üstüne düşündüklerini biliyorum; fakat Avrupalılar bunu da hiç düşünmemişti, tek istisna Tanrı'nın sonsuz niteliklerine dair dinî tefekkürdü. Mesela Aziz Augustinus *De Civitas Dei*'de [Tanrı Devleti] şöyle yazmıştı: "Tanrı'nın ebedî ve değiştirilemez bilgisi ve iradesiyle yaptığı her şey sonsuz tasarımıyla da, fiilî sonucuyla da onu memnun etmiştir."[1] Burada sonsuzluğa, ebedî zamana dolaylı bir gönderme var, ama kavram daha ileri götürülmüyor. Tanrı'nın sonsuz niteliklerine ve sınırsız zaman ve mekân içinde yaptığı işlere böyle göndermeler Yahudi teolojisinde, özellikle Kabala'da da vardır; fakat söz konusu mefhumlar burada da belirsizdir, yeterince şekillenmemiştir.

1 Aziz Augustinus, *The City of God* (New York: Modern Library, 2000), s. 363.

Hem sıfır fikrini hem de sonsuzluk kavramını icat etmenin, belki de bildiğimizden bambaşka, benzersiz bir mantık izleyen bir Doğu zihninin ürünü olduğuna ikna olmuştum. O zaman bilmiyordum, ama Doğu'ya gittiğimde sezgilerim düşündüğümden de doğru çıktı. Asya'ya gitmeye can atıyor, orada, belki çok eski bir elyazmasında, belki de taşa kazınmış olarak, uzak geçmişimizin kaydedilen ilk rakamlarından bazılarını bulmayı ve bizzat görmeyi umut ediyordum. Matematiksel kökenimizin arkeolojik kanıtını bulma fikri beni tarifsiz heyecanlara sürüklüyordu. Bakılacak ilk yer Hindistan'dı.

10 OCAK 2011 GÜNÜ SABAH SAAT 2'DE, kışın ortasında sisler içindeki Delhi'ye indim. Hindistan'ın güneyi tropik olsa da, kuzeydeki Delhi'nin feci soğuk olabileceğini zor yoldan öğrendim. Havaalanı nemli ve buz gibi soğuktu. Titriyordum, yorgunluktan ölüyordum ve ABD'den buraya yaptığım uzun uçak yolculuğundan dolayı biraz sersemlemiş durumdaydım. Yanımda küçük bir bavul, Hint matematiği üstüne birkaç kitap ve bir defter, defterde de bu sırrı çözmeme yardım edeceğini umduğum bir kişinin ismi vardı.

2 yıl önce, Sidney, Avustralya'da yapılan bilim tarihi konulu uluslararası bir konferansta Profesör C. K. Raju'yla tanışmıştım. Raju belki de tanıdığım en alışılmadık akademisyendi. O konferansta Raju'nun konuşması insanları şoke etmiş, şüpheye düşürmüş, hatta güldürmüştü. Raju, matematiğin Hindistan'da doğduğunu ve bizim Batı'da Antik Yunan matematikçilerine atfettiğimiz pek çok başarının aslında daha önce Hindistan'da kazanılmış olduğunu iddia ediyordu. Çok sayıda kesin tarihsel kanıtı yoktu, ama bu eksikliği coşkusuyla, haklı olduğuna duyduğu güvenle ve hatırı sayılır düzeydeki kişisel karizmasıyla dolduruyordu.

Raju'nun konuşmasında –ve kişiliğinde– bana belki, ama yalnızca belki, bu adamın o zaman çoğumuzun sandığı gibi boş konuşmadığı izlenimini veren bir şey vardı. Hindistan tarihi hakkında, Batı'da bilinmeyen pek çok belge olduğundan haberim vardı (sayısı milyonlarla ölçülen

Eski Hint belgeleriydi bunlar) ve Raju'nun Hint buluşu olduğunu iddia ettiği matematik çıkarımlarının ve sonuçlarının en azından bir kısmının gerçekten de ilk kez burada keşfedilmiş, oradan Yunanistan'a ve başka yerlere yayılmış olma ihtimali bulunduğunu düşünüyordum.

Bir kere, MÖ 5. yüzyılda Pisagor da Hindistan'a gitmiş olabilirdi; zira Mısır'a ve Lübnan ve çevresinde bulunan Fenike'ye gitmiş olduğunu biliyoruz. Konferansta Raju'yla sohbet etmiş, sonra da irtibatı koparmamıştık. Şimdi Doğu'ya geldiğime göre bulaşabilirdik. Yeni Delhi'nin göbeğindeki şatafatlı Oberoi Oteli'nin lobisinde buluşmaya karar verdik.

Doğu'daki her şey çok tuhaf bir mantığa göre işliyor gibiydi. Saat 2'de otelin lobisinde buluşacaktık; ben lobide iki saat oturup bardak bardak Assam çayı içtim. Saat 4'e 10 kala tam artık vazgeçiyordum ki Raju kapıda belirdi. Özür dilemedi, geç kalmasını açıklama gereği de duymadı – herhalde ona göre bu normal bir durumdu; saat 2 ile 4 aşağı yukarı aynı şey sayılırdı. Havadan sudan ve Sidney'deki konferanstaki ortak tanıdıklarımızdan bahsettikten sonra, Raju bilim ve matematik hakkında uzun bir monoloğa girdi; genellikle Yunan matematikçi Öklid'e atfedilen teoremlerden tutun da görelilik hakkında genellikle Einstein'a ait saydığımız buluşlara kadar, dünyada son 3 bin yılda yapılan keşiflerin çoğunun Hindistan'a ait olduğunu iddia etti. Sonra benim araştırmalarımdan söz ederek "Bilim tarihinde Batı yanlılığını gidermek mutlaka yapman gereken bir iş," dedi. Ardından da bir kitap açıp bana buradan dizeler okutarak, Doğu'nun garip mantığıyla beni şaşırttı:

> Herhangi bir şey ya doğrudur,
> Ya doğru değildir,
> Ya hem doğrudur hem doğru değildir,
> Ya da ne doğrudur ne de doğru değildir.
> Bu, Tanrı Buda'nın öğretisidir.[2]

2 Büyük Budist rahip ve âlim Nagarjuna tarafından MS 2. yüzyılda yazılan *Mulamadkyamakakarika*'nın 18. Bölümü'nde 8. kıta.

Profesör C. K. Raju, Himalayaların eteklerindeki Şimla'da, Hindistan.

Bu sözleri okuyunca, "Yarabbi, ne acayip bir mantık!" dedim. Raju güldü, bunun MS 2. yüzyılda yaşamış önemli Budist filozof ve öğretmen Nagarjuna'dan çıktığını anlattı. "Doğu'da biraz yaşa, anlarsın," dedi.

Nagarjuna'nın ifadesine uzun uzun, dikkatle baktım, düşündüm. Doğru, doğru değil, hem doğru hem doğru değil, ne doğru ne doğru değil? Bu görüşler dizisi ne demekti? Bana hiçbir şey ifade etmedi. Bu muhakkak ki gerçeklik hakkında düşünmenin acayip bir şekliydi. Raju hemen açıkladı: "Buradaki her şeyin anahtarı *Şunya*'dır." Ağzı kulaklarına vararak gülümsedi; Şunya'nın ne demek olduğunu anlamadığımı fark edince açıklamaya devam etti: "Şunya bizim dilimizde sıfır demek. Ama Budizmde felsefi bir kavram olarak boşlukla da ilgili, buna da *Sunyata* deniyor. Bak, sayı olan sıfır ile Budizmin boşluğu, yani meditasyondaki amaç, Nirvana yahut aydınlanma yolunda ulaşmaya çalışılan ideal, aslında aynı şey. Boşluk büyük bir felsefi kavramdır ve biz buradan sıfıra varırız."

Sonra kâğıtlarla dolu eski deri çantasını aldı, elimi birkaç kere sıktı ve "Ama hepsini anlayacaksın," dedi. Yine otuz iki dişini göstererek gülümsedi ve ortadan kayboldu. Acilen gitmesi gerektiğini söylemişti; Malezya'ya gidiyordu, oradaki bir üniversitede misafir öğretim üyesiydi. Anlaşılan Malezyalılar da Asya'nın bilim alanında tanınmasını sağlayacak çalışmalarla ilgileniyorlardı ve buna para vermeye de isteklilerdi. Raju, Malezya'da yaptığı araştırmaları düzenli olarak Almanya'daki uluslararası konferanslarda sunuyordu.

Asya'da bilimin tarihiyle ilgili projelere Almanlar da katılmıştı ve onlara göre, Raju altın yumurtlayan tavuk gibiydi, durmadan bu konuda makaleler üretiyordu. Şunya yani sıfırın Budizmdeki boşluk kavramı Sunyata'dan türemiş olması fikri için müteşekkirdim. O değişik mantığın (doğru, doğru değil, hem doğru hem doğru değil, ne doğru ne doğru değil) boşluk kavramıyla ve dolayısıyla Doğu'nun sıfırıyla bir şekilde ilgili olduğunu da belli belirsiz hissediyordum.

5

GÜNEYDOĞU ASYA'DAKİ ARAŞTIRMALARIMA zamanda geriye doğru giderek başladım, MS 10. yüzyıldan yola çıktım. Raju'yla bence unutulmaz olan buluşmamızın ertesi günü, sarı-yeşil bir *tuktuk* (her adımda karşıma çıkan, Asya'da en kalabalık şehirlerin en dar sokaklarında bile yolunu bulan üç tekerlekli motosiklet) tuttum ve Delhi'nin şafak sisi içinde yine havalimanı yoluna düştüm. Kingfisher Hava Yolları'yla Khajuraho'ya gidiyordum. Madya Pradeş eyaletinde bir zamanlar sık bir ormanlık alan içinde yer alan Hindu ve Caynacı tapınaklarını görecektim. Kingfisher, iki saat uçtuktan sonra, Ganj üzerindeki kutsal Varanasi şehrinde durdu; 20 dakika yerde kaldıktan sonra yeniden havalanarak bir saatten daha kısa mesafedeki Khajuraho'ya doğru yola çıktık. İnmeye yakın, sık tropik ormandan geriye kalan ağaçların arasından taş tapınaklar göründü.

Seneler evvel Japon matematikçi Takao Hayashi burada esrarlı birtakım sayıların fotoğrafını çekmiş, ama o antik yazıtın bulunduğu tapınağın adını yazmamıştı. Bunu kendim bulmalıydım.

Khajuraho'da ufacık bir pist var, bir de havalimanı işlevi gören bir kulübe. Bir taksi tuttum; dağıldı dağılacak haldeki Ford aracın koltuk döşemesi yoktu, hatta başka bir şey de yoktu; yalnız içerisi ter ve çürük sebze kokuyordu. Düz ve tozlu yoldan, kıraç, verimsiz tarlaların arasından geçip, kasabadaki bir avuç otelden birine gittim. Bir Best Western oteliydi bu ve ufacık kasabanın en düzgün yeri burasıydı. Resepsiyondaki genç adam bana bir oda vermektense, turist işi ıvır zıvır hediyelik satmaya daha hevesliydi. Bir şey almayıp oda anahtarımı istedim, alışverişe zamanım olmadığını söyledim. Eşyalarımı odaya bırakıp otelden çıktım, ıssız yollarda 15 dakika yürüyerek tapınaklara vardım. Cüzzamlı olduğu bariz bir adam, çitlerle çevrili alanın girişinde, yerde oturuyordu. Giriş ücretini ödeyip içeri geçtim. Turistlerin çoğu buraya, bu alışılmadık tapınaklardaki açıkça erotik heykelleri ve kabartmaları hayretle seyretmeye geliyor.

1838 yılında İngiliz Yüzbaşı T. S. Burt, İngiliz Hindistan Ordusu'na bağlı Bengal Mühendislik ekibiyle beraber Yeni Delhi'nin 600 kilometre güneydoğusunda kalan Madya Pradeş eyaletinin ormanlarını keşfe çıkmışken, ormanın kapladığı bir grup antik tapınağa rast geldi. Gördükleri karşısında ağzı açık kaldı. Kayıt defterine, bu tapınakların ömründe gördüğü en güzel tapınaklardan olduğunu, fakat Khajuraho'da gördüğü erotik sanat eserlerini nasıl tarif edeceğini bilemediğini yazdı. 11. yüzyıldan kalma ihtişamlı taş heykellerin yaklaşık onda birinde cinsellik içeren sahneler tasvir ediliyor ve bunlardan bazıları bugün için bile şaşırtıcı derecede cüretkâr.

Batı'da cinsellikle ilgili imgeleri kamuya açık alanda görmüyoruz; hele ibadet yerlerinde hiç. Oysa Burt'ün, bin yıl önce inşa edilmiş Hindu ve Caynacı tapınaklarının hem içinde hem de dış duvarlarında gördüğü heykellerde erkek ve kadınlar çeşitli cinsel ilişki pozisyonlarında tasvir edilmiş ve bunların birçoğu gayet akrobatik ve yaratıcı pozisyonlar. Günlüğüne şöyle yazmış Burt: "Yedi adet Hindu tapınağı buldum, bunlar sanatkârlık bakımından son derece güzel ve ince işlenmişler; ancak heykeltıraş zaman zaman eserin mutlak lüzum görülenin biraz ötesinde ısınmasına müsaade etmiş."[1] Khajuraho'da bir zamanlar 85 tapınak varmış, bugün 20 tanesi duruyor; bunlar hem Hindu hem Caynacı tapınakları.

Bölgedeki tüm tapınakların (Burt'ün tabiriyle "birbirlerine iki adım mesafedeler") duvarlarını süsleyen heykeller

1 Louise Nicholson, *India* (Washington, D.C.: National Geographic, 2014), s. 110.

var. Gündelik hayattan sahnelerin yanında tanrı heykelleri de bulunuyor. Ama erotik sahneler, çok açık ve çok beklenmedik geldikleri için tapınaklarda kuvvetle baskın görünüyor. Boz, sarı yahut kızıl taşa oyulmuş, insanları akla gelecek her tür cinsellik eylemi içinde gösteren, neredeyse gerçek boyutta heykel ve kabartmalar bunlar. Tapınaklardan birinde, gözlemciye göre epey yüksek bir noktada, yarı çıplak iki kadın tarafından desteklenen bir kadın ve bir adam heykeli var. Adam yukarı kaldırılmış, yüzü yana dönük; adamın altında, yüzü bize dönük olan çıplak bir kadın baş aşağı duruyor, bacakları yukarı doğru açık ve ikisi genital bölgelerinden birbirlerine bağlılar. Bir başka tapınakta, bu kez göz hizasında, birkaç fili bir yere götüren insanlar görülüyor; bunların hemen sağında, beklemeyeceğimiz bir yerde bir kadına arkasından dayanmış bir adam heykeli var, filler hiç umurunda değil. Bir başka tapınaktaysa duvar boyunca, birkaç farklı oral seks pozisyonunda adam ve kadın figürleri yer alıyor; burada bir kadın ve iki erkeğin oral ve vajinal ilişki içinde olduğunu görüyoruz.

Bu sıradışı sanat eserleri konusunda bugüne dek iyi bir açıklama sunulmuş değil. Rehberler burada gezinen naif turistlere Kama Sutra hakkında bilgi veriyor; dergilerde çıkan yazılarda ve gezi rehber kitaplarındaysa bu müstehcen heykellerden bazılarının Hindu Tanrı Şiva ve Şakti'si Parvati'yi temsil ettiği yazılı. Bunlara bakılırsa, dünyaları yıkan o korkunç tanrı sadece eşinin bedeniyle ilgileniyor; üstelik buradaki tapınakların birçoğu Hindu tapınağı değil, Caynacı tapınağı. Daha akademik bazı kaynaklar, bu imgelerin üreme simgesi olarak kullanılmış olabileceğini öne sürüyor. Ama gerçek cevabı kimse bilmiyor.

Khajuraho'nun erotik eserlerinin açıklanamayışı gibi, yüz yılı aşkın süre önce burada keşfedilen karmaşık matematik eseri de açıklanamamış. Matematik tarihi hakkında eski bir kitapta bunun hakkında bir şeyler okumuştum. David Eugene Smith şöyle yazmış: "[Sihirli kare] Hindistan'da Çandel Hanedanı'na (870-1200) ait kayıtların bulunduğu çeşitli harabelerin yer aldığı Khajuraho antik kentinde bir

Takao Hayashi, 1983'te Hindistan'da matematik tarihi üstüne araştırma yaparken, Maisur Mihracesinin eski yazlık sarayında (oğlu Makoto ile birlikte).

Cayna yazıtında görülür."[2] Hayashi'nin de bu kitabı okuyarak Khajuraho'ya geldiğini düşünmüştüm; meğer o, bu ilginç matematik eseri hakkında çok daha önce yazılmış ilk tarihsel anlatımı okumuş. Hayashi'de, bu matematik yazıtını 1860'larda bir Caynacı tapınağının girişinde bulan İngiliz arkeolog Sir Alexander Cunningham'ın tuttuğu notlarda antik sihirli karenin keşfedilişinin ilk duyurusu varmış.[3]

Birkaç saat boyunca bölgedeki tüm tapınakları dolaştım, ama hiçbir yerde yazıt göremedim. Neredeydi Hayashi'nin o sihirli karesi? Gördüğüm her turist rehberine sordum, hiçbir şey çıkmadı. Derken, rehberine sorduğum soruyu duyan bir Fransız turist, "Ben Doğu Grubu'ndaki tapınaklardan birinin kapısında birtakım eski sayılar gördüm galiba," dedi. Bahsettiği yer kasabanın

2 David Eugene Smith, *History of Mathematics, Volume 2: Special Topics in Elementary Mathematics* (Boston: Ginn and Company, 1925), s. 594.

3 Takao Hayashi bana şu kaynağı gösterdi: Alexander Cunningham, "Four Reports Made During the Years 1862-1865," *Archaeological Survey of India 2* (1871), s. 434.

öbür ucunda, daha ıssız, nadiren ziyaret edilen başka bir tapınak alanıydı.

Çitle çevrili tapınak alanından çıkıp yarım saat kadar yürüdüm, tüm Hint şehirlerinde serbestçe gezen ve çöplerle beslenen başıboş ineklerin arasından geçip nihayet Doğu Grubu'nu oluşturan eski tapınaklara geldim. Buradaki yapıların çoğu Hindu değil Caynacı tapınaklarıydı. Peşimde sokak köpekleri ve yırtık pırtık kıyafetler içinde dilenen çocuklarla bir tapınaktan ötekine dolaştım. Bizden başka kimse yoktu; tuhaf bir şekilde, burası sanki terk edilmiş gibiydi. Tarlalardan bu yana doğru rüzgâr esiyor, tozlar uçuşuyordu. Hiçbir şey bulamadım. Sonra Parsvanatha Tapınağı'na geldim. MS 10. yüzyıl ortalarında yapılmış bir Caynacı tapınağıydı bu. Kapısı erotik heykellerle çevrelenmişti. Bir adam, belki de bir tanrı, kollarındaki kadının ya da tanrıçanın gözlerine aşkla bakıyordu. Kadının başı adama dönüktü, adamın sol eli onun dolgun memesini okşamaktaydı.

Ve burada, sağda, kapı aralığının iç kısmında, aradığımı buldum nihayet. Hayashi'nin 40 yıl önce gördüğü, ama tam olarak nerede gördüğünü hatırlayamadığı rakamlar. Bin yıllık bu tapınağın kapısına Hint rakamlarıyla yazılmış bir sihirli kare (Hint rakamlarının bazıları bizim kullandıklarımıza çok benziyor, bazılarıysa o kadar farklı ki ancak bu işin ehliyseniz tanırsınız). Dört satıra dört sütun boyutunda bir sihirli kareydi bu ve üzerinde şu rakamlar vardı (burada şimdiki rakamlarımızla yazdık):

7	12	1	14
2	13	8	11
16	3	10	5
9	6	15	4

Khajuraho'da 10. yüzyıldan kalma Parsvanatha tapınağının girişindeki sihirli kare.

Şimdi buradaki bazı muhteşem durumlara bakalım: Her satırdaki sayıların toplamı 34; ayrıca her sütunun, her köşegenin, büyük karenin köşelerindeki ikiye ikilik karelerin her birinin ve ayrıca ortadaki ikiye ikilik karenin içindeki sayıların toplamı yine 34. Bu ilginç yazının bulunduğu tapınakta başka bir yazıt, tapınağın yapım tarihini kesin olarak bildiriyor: MS 954. Demek ki bu tapınağı yapan ve burada ibadet eden insanlar 10. yüzyıl ortaları gibi erken bir tarihte böylesi incelikli sihirli karelerin nasıl yapıldığını anlamışlardı. Khajuraho sihirli karesi, en eski dörde dörtlük sihirli karelerden biridir (Çin ve İran'da daha eski tarihli üçe üçlük kareler var).

Khajuraho yazıtı, sihirli karesi ve yerli yerinde duran rakamlarıyla, ta 10. yüzyılda yazılmış Hindu rakamlarının en iyi örneğini sunuyor. Khajuraho'da ve Hindistan'daki daha başka eski tapınaklarda sayılar bulunması, burada sayıların kökeninde dinî ihtiyaç ve uygulamalar olduğunu düşündürüyor. Mesela, Vedalar denilen eski Hint belgelerinde –MÖ 2. binyıl gibi çok eski tarihlerden itibaren– tapınakların boyutları ve kurban edilecek hayvanların sayıları

Khajuraho'daki antik tapınaklardan birinin süslü duvarı.

bildiriliyor; bunların hepsi rakamla gösterilmiş ve belki de bu yüzden, en eski Hint rakamları antik tapınaklarda görülüyor.

Ayrıca, bu sayılar bugüne kadar bulunan en ilginç eski belgelerden sayılıyor. Yine ilginçtir ki, sayılara bayılan Alman ressam Albrecht Dürer de 1514'te yaptığı meşhur "Melankoli" gravürünün sağ üst köşesine dörde dörtlük bir sihirli kare yerleştirmiş:

16	3	2	13
5	10	11	8
9	6	7	12
4	15	14	1

Bu da neredeyse 6 asır önce yapılan Khajuraho sihirli karesi gibi "normal" bir sihirli kareydi; yani 1'den 16'ya kadar bütün sayılar birer kere kullanılıyor ve toplamlar hep 34 çıkıyordu. Ancak Khajuraho sihirli karesinin çevresi tensel zevke dalmış gülümseyen çıplak ve yarıçıplak figürlerle dolu; Dürer'in sihirli karesiyse hüzünlü, yalnız ve tamamen giyinik bir kadın figürünün yanına yerleştirilmiş. Bu da, Doğu ve Batı arasında gördüğüm mantık –ve dış görünüş– farklarına bir başka örnek.*

Khajuraho yazıtı sadece 10. yüzyılda yaşamış Hintlilerin sihirli kare aritmetiğinde gayet yetkin olduklarını ortaya koymakla kalmıyor, o zaman kullandıkları rakamları da gösteriyor (Parsvanatha sihirli karesinin fotoğrafına bakın) ve bunları bizim bugün kullandığımız rakamlarla karşılaştırabiliyoruz. Hangi rakamlar aynı, hangileri farklı? Hint rakamlarına biz nasıl bizim rakamlarımız dedik? Peki bunlar nasıl değişti?

* Arada bir fark daha var: Dürer'in sihirli karesinde satırların, sütunların, ortadaki ve köşelerdeki ikiye ikilik karelerin toplamı 34, Khajuraho'daki karede ise daha "mükemmel" olarak, ikiye ikilik bütün karelerin toplamda 34 sayısını verdiğini görüyoruz (satırlarla sütunların ortasındaki iki rakam ve bunların altındaki iki rakamla çizilen kareler de dahil) —*çev. notu.*

6

TÜRLÜ TÜRLÜ MANTIK VARDIR, mantık sadece Batı'nın "çizgisel" mantığı demek değildir. Çok geniş anlamda, Batı'da din genellikle cinselliğe karşıyken, Doğu'da din ve cinsellik, hayatın ve onun tüm zevklerinin kutlanmasının parçaları gibidir. Tapınaklarda hem sihirli kare hem de erotik imgeler kullanılmasının da ima ettiği üzere, burada matematik seksle de, dinle de ilgilidir. Hatta seks belki de hayatın en büyük sırrını içerir ve matematiğin, yani çevremizdeki doğada algıladığımız, mantığa dayalı süreçlerin soyutlanmasının da entelektüel gizemlerin en büyüğü olduğu rahatlıkla söylenebilir.

Acaba bu tapınakları inşa eden eski Caynacılar ve Hindular bu derin sırları mı düşünüyorlardı? Bize bıraktıkları kanıtlara bakılırsa, bunu düşünmemiş olmaları mümkün değil. Neden hayatımızı en derinde cinsellik idare ediyor? Ve neden evren en temel düzeyde, matematiğe göre işliyor? Arzunun sırrı nedir? Peki sayılar, sihirli karede ve aritmetiğin müthiş işleyişinde de gördüğümüz gibi, neden böyle ilginç özellikler sergiliyor? Antik dönemlerde Doğuluların kendi kendilerine sorduğu sorulardan bazıları bunlar olabilir pekâlâ; buldukları cevaplar da onları inanmaya, dinleri kurup tanrıları icat etmeye ve en büyük gizemler olarak gördükleri seks ve matematiğin simgelerini yerleştirdikleri ibadethaneleri inşa etmeye yönlendirmiş olabilir. En azından ben öyle farz ediyordum. Acaba doğru yolda mıydım?

Khajuraho'nun müstehcen heykelleri, müstehcen antik sanatla karşılaştığım bir önceki deneyimimi hatırlattı bana. Pompei'de görmüştüm; 14 yaşımda yine babamın gemisiyle gezerken. Laci bu defa bana eşlik edememişti; çünkü babam ondan, özel olarak kavrulmuş İtalyan kahvesinin gemiye yüklenmesine nezaret etmesini istemişti.

Şirket, yolculara sadece en iyi kalite İtalyan kahvesi sunulmasında ısrarcıydı; bu nedenle kahve her zaman İtalya limanlarından alınırdı. Annemle kardeşim alışverişe gitmiş, babam da gemide kalmıştı. Bu nedenle, Pompei gezisinde bana başmühendisin 32 yaşındaki çekici ve kültürlü eşi Ruth Chet eşlik etti.

Ören yerine girdik, antik eserleri gördük, ardından özel sergiler kısmına geçtik. Burada, yıkık kentte bulunan erotik heykel ve freskler sergileniyordu. Fakat o zamanlar İtalyanların garip, cinsiyetçi bir kuralı vardı: Sergiyi hangi yaştan olursa olsun tüm erkekler görebiliyordu, ama kadınlar göremiyordu. Ben bu sanat eserlerine karşı doğal bir ilgi duyuyordum. İçeri girerken, yaşımın küçük olmasından dolayı hiçbir zorlukla karşılaşmadım. Ama Bayan Chet'i içeri almadılar. Yoğun itirazlarına, ricalarına ve tehditlerine rağmen, bekçi onun içeri girmesine kesinlikle izin vermedi.

Sergi alanında ufak tefek bir adam heykeli gördüm, elleriyle tuttuğu dikilmiş dev penisi neredeyse boynunun hizasına geliyordu. Yataklarda çeşitli ilişki pozisyonlarında tasvir edilmiş çiftler vardı. Kadınların memeleri çoğunlukla askısız üstlerle örtülmüştü. Bu heykel ve fresklerin hepsi Hristiyanlık öncesi döneme aitti; zira Pompei MS 79'da yıkılmıştı. Yine de memelerin örtülmesi, belki cinsel ilişki sırasında dahi bir derece utanmaya işaret ediyor olabilirdi. Batı'da Hristiyanlığın kabul edilmesiyle birlikte müstehcen imgelerde müthiş bir azalma oldu. Bu, aynı dönemde Hindistan'da olanlarla tezat teşkil eder. 14 yaşındayken bu konuyu hem çok merak ediyordum, hem de doğal olarak utanç duyuyordum. Sergiye alınmayan Ruth Chet de acısını benden çıkarmıştı. Gemiye döner dönmez babama koştu. "Oğlunuzun aklı belden aşağısında!" diye haykırdı. "Pornografik sergiye girdi, oysa beni içeri almadılar." Babam güldü.

14 yaşındayken Roma'daki sanat eserlerine yüzüm kızararak bakıyordum. Şimdi Khajuraho'daysa, antik rakamların peşinde olgun bir yetişkindim. Khajuraho'nun gizemli

ve davetkâr heykelleri bir bakıma, ortalarında saklı bulunan matematiksel nesnelere benziyordu. Tensel sanatın iki örneği arasındaki benzerlikleri ve zıtlıkları düşünürken, 10. yüzyıl Doğu halklarının cinsellikle ve cinsel ilişkiyle ilgili hiçbir takıntısı olmadığı sonucuna vardım. Khajuraho heykellerinin sergilediği özgürlük, hayata ve onun zevklerine karşı öyle bir açıklığa ve saf heyecana işaret ediyordu ki bu özelliğin Doğu ile Batı arasında çok temel bir farkın göstergesi olduğuna kesin kanaat getirmiştim. Bu görüş ayrılığı Doğu mantığının Batı'daki alışıldık mantıktan farklı olmasıyla da bir şekilde ilgili midir ve her iki özellik de sayıları soyutlayıp günün birinde tüm dünyaya egemen olacak bir sayı sistemi kurma becerisiyle ilişkili olabilir mi diye merak ediyordum. Doğuda seks, mantık ve matematik birbiriyle ilişkili gibi görünüyordu.

Biz sanki tek geçerli mantık şekli Batı mantığıymış gibi düşünmeye meyilliyiz. Birkaç sene önce kardeşim Ilana'ya kızıyordum. Ilana'ya meme kanseri teşhisi konmuştu, ama o, benim mantıklı karar saydığım şekilde davranmıyordu. Batı tıbbını bir yana atmıştı ve yalnızca Çin çigong tedavisini uyguluyordu. Çaresizlik içinde, bir insanın nasıl bu kadar "mantıksız" olabileceğini kavrama çabasıyla, Mark Zegarelli'nin *Logic for Dummies* [Aptallar İçin Mantık] kitabını aldım. Zegarelli klasik mantığın asıl kurucusunun Aristoteles olduğunu anlatıyordu. Şöyle diyordu:

> Mesela Aristoteles'in en ünlü tasımına bakalım:
>
> Öncüller: Tüm insanlar ölümlüdür.
> Sokrates insandır.
> Sonuç: Sokrates ölümlüdür.[1]

Buraya kadar tamam. Ama sonra şöyle devam ediyor.

> Karşıtlıklar Karesi...
> A: *Bütün kediler uyuyor*
> O: Bütün kediler uyumuyor

1 Mark Zegarelli, *Logic for Dummies* (New York: Wiley, 2007), s. 20-21.

Aristoteles bu türden bütün önermeler arasında ilişkiler görüyordu. Bu ilişkilerin en önemlisi, karede köşegenin iki ucunda yer alan önermeler arasındaki *karşıtlık* ilişkisidir. Karşıtlık çiftlerinde bir önerme doğru, diğeri yanlıştır. Açık ki eğer dünyanın bütün kedileri şu an uyuyorsa A doğru ve O yanlıştır; aksi halde O doğru, A yanlıştır.[2]

Fakat bu Nagarjuna'nın ifade ettiği Budist görüşe ters düşüyor: Bu görüşe göre herhangi bir şey doğrudur veya yanlıştır veya hem doğru hem yanlıştır veya ne doğru ne de yanlıştır. Nagarjuna'nın sözleri, bir önermenin karşıtının da önermenin kendisi kadar doğru olabileceği anlamına geliyor. Böyle bir şey nasıl olabilir?

Nagarjuna'nın "doğru veya doğru değil veya hepsi veya hiçbiri" fikri, Batı kafasıyla tam bir zırvalık zannedilebilir. Doğru ve doğru değil, tüm önermeler için karşılıklı olarak birbirini dışlayan ve başka bir seçenek de bırakmayan (eksiksiz) ifadelerdir. Bir şey doğruysa doğrudur, doğru olanın doğru *olmamasının* hiçbir yolu yoktur. Hatta matematikte *üçüncü halin imkânsızlığı ilkesi* dediğimiz kuralın altında da bu fikir yatar; bu ilke bize, doğru ile doğru değil arasında bir orta nokta bulunmadığını söyler. Matematikte üçüncü halin imkânsızlığı ilkesi (doğru ve doğru değil'in karşılıklı olarak birbirini dışlayan ve eksiksiz haller olması), kanıt teorisinde anaakım yaklaşımların çoğunun temelini oluşturur. Kanıtlar yapıcı olabilir, nihai olumlu sonuca doğru adım adım ilerleyebilirler. Ama biz çoğunlukla teoremleri karşıtlıkla kanıtlarız (çünkü böylesi çok daha kolaydır ve sıklıkla, bizim görebildiğimiz tek kanıtlama yolu budur). Bir şeyin doğru olduğunu kanıtlamaya çalışıyorsak, önce onun doğru olmadığını varsayar ve sonra da, bu varsayımın bir karşıt duruma yol açtığını gösteririz. Bu karşıtlık, ilk önermenin doğru olduğunun kanıtıdır.

Lakin karşıtlığa dayalı kanıtlama yapısının tamamı, evrende hiçbir şeyin hem doğru hem de doğru değil, veya ne doğru ne doğru değil olamayacağı varsayımı üstüne

2 *A.g.e.*, s. 22-23.

kurulu. Dolayısıyla üçüncü halin imkânsızlığı ilkesini reddedersek çelişkiye dayalı kanıt da geçersiz olur; matematikte birçok teorem kanıtsız ve belirsiz kalır. Peki, Buda'ya atfedilen bu kafa karıştırıcı sözün ardında ne var? Ve neden bunu önemseyelim? Benim bu soruyu önemli bulma sebebim, tüm bunların rakamların ortaya çıkışıyla, yani Doğu'da bulunma nedenimle sıkı bir bağlantısı olduğundan emin olmamdı.

Derinlerde bir yerde, sıfırın ve sonsuzluğun keşfiyle muhakkak bir ilgisi bulunduğundan çok emin olduğum Buda'nın mantığını araştırırken, Wesleyan Üniversitesi'nden ABD'li mantıkçı Fred Linton'ın ilginç bir makalesine tesadüf ettim. Bu ilginç makale, Nagarjuna'nın dizelerinde gördüğümüz, mantıklı dört olasılık bulunduğu (bunlara "dört önerme" anlamında, Yunanca *tetralemma* ve Sanskrit *katuskoti* deniyor) şeklindeki Budist görüşü, rasyonel ve matematiksel bir şekilde açıklıyordu. Linton, gündelik hayatta, ilave iki olasılığın, yani bir şey için hem doğru, hem doğru değil denen durumlar ile ne doğru, ne doğru değil denenlerin geçerli olduğu örnekler vermiş. Bunlara bir bakalım.

Mesela bir öğrenciniz bir yandan matematik alanında çok parlak, bir yandan da öğrenci eylemlerinde gözaltına alınma konusunda başarılıysa, bu öğrenciniz için hem çok parlak hem de pek parlak değil demekte haklı olursunuz. Yine Linton'ın işaret ettiği gibi, içinde azıcık şeker olan kahve pekâlâ, "Tatlı değil ama tatsız da değil" diye tarif edilebilir. Bunun gibi daha pek çok örnek sayılabilir.[3]

Doğu mantığı belli ki doğruluk ve yanlışlığın böyle ara dereceleri bulunmasıyla daha uyumlu; dolayısıyla üçüncü halin imkânsızlığı burada geçerli değil. Her şeyin ya doğru olması ya da doğru olmaması gerektiği şeklindeki katı mantık bir bakıma, tabiat ve hayat hakkında Batılı tarzda düşünmeyi ifade edebilir. Linton'la e-posta yazışmalarımızda, bana bu kez ters taraftan pek çok örnek verdi.

3 *A.g.e.*, s. 30.

Öklid'in Asal Sayıların Sonsuz Olduğuna Dair Çarpıcı Kanıtı – MÖ 300

Bu, karşıtlığa dayalı kanıtlamanın en iyi, ayrıca en eski ve en zarif örneğidir. 2300 yıl önce yapılmış bir ispat bu. Asal sayıların sonsuz sayıda olduğunun ispatı, İskenderiyeli Öklid'e atfediliyor. İspat şöyle ilerliyor: Öklid, "Asal sayıların sonlu sayıda olduğunu farz edelim. O halde bir tane en büyük asal sayı olacak ve bundan sonra başka hiçbir asal sayı gelmeyecek; daha büyük sayıların hepsi de bileşik sayı (asal sayıların çarpımından oluşan sayı) olacaktır," diyor. Bu gayet mantıklı geliyor, değil mi? Asal sayıların bir sonu varsa, en büyük asal sayı diye bir şey de vardır. Bu en büyük asal sayıya *p* diyelim. Şimdi, Öklid, şu sayıyı gösteriyor: $2 \times 3 \times 5 \times 7 \times 11 \times 13 \times ... \times p + 1$. Bu sayı, 2'den *p*'ye kadar bütün asal sayıların çarpımı, artı 1'dir. Peki bu yeni sayı, asal sayı mıdır?

Eğer öyleyse, buyurun işte, *p*'den daha büyük bir asal sayı bulduk. Yok, eğer bu sayı asal sayı değilse, o zaman (asal olmayan sayıların, yani bileşik sayıların tanımı gereği) bu sayının 2'den *p*'ye kadar olan asal sayılardan birine bölünmesi gerekir. $2 \times 3 \times 5 \times 7 \times 11 \times 13 \times ... \times p + 1$ sayısının bölünebildiği o asal sayıya *q* diyelim. Fakat bulduğumuz yeni sayının *q*'ya tam olarak bölünmesinin mümkün olmadığını görüyoruz; çünkü bölme işleminin sonunda her zaman o ek +1 sayısının *q*'ya bölümü kalacak ve $1/q$ sayısının tamsayı olması mümkün değil. Böylece her iki durumda da bir çelişki olduğunu gösterdik; bu da teoremin doğru olduğunu ispatlıyor.

Bunlar katı "*ya öyle ya da böyle*" yanlılıklarıyla bariz Batı tarzı örneklerdi: "Ya benden yanasın ya da karşı taraftasın", "Çözüme dahil değilsen soruna dahilsin" ve "Ne içersin, çay mı kahve mi?" Bunların ardından şunu eklemişti: "Bence hepsi Aristoteles'in suçu!"

Doğrusu, bizim bu Batı mantığı sahiden de, yukarıdaki gibi mantıksal çıkarımlarıyla meşhur Aristoteles'e kadar gidiyor. Fakat başka mantıklar da var ve farklı durumlarla bağlamlarda bunlar da pekâlâ geçerli olabilir. Doğu'nun düşünme biçimleri, evreni anlama konusunda birbirinden farklı yolları kabul etmeye daha açık görünüyor. Ama burada şöyle bir soru doğuyor: Matematik hani bizi yalnızca "ya şöyle ya da böyle" diyen Batı tipi mantığa götürüyordu? Bu doğru değil mi? Belki şaşıracaksınız, ama cevap: hayır.

Alexander Grothendieck (d. 1928) gelmiş geçmiş en parlak, ama bir yandan da en sorunlu matematikçilerdendir. Grothendieck, matematiğin birçok alanında derin bir kavrayışa sahiptir. Bunlar arasında ölçü teorisi (çok karmaşık ve soyut ortamlarda dahi ölçüm yapabilmek), topoloji (uzayların haritalanması ve bir uzaydan diğerine sürekli haritalama) ve cebirsel geometri (cebir ile geometrinin iç içe geçtiği, sayısal verinin geometrik biçimlerle anlaşılabildiği alan) bulunuyor. Grothendieck'in bütün çalışmaları, onun sayıların anlamını çözme çabasına dayanıyordu; sıfır ve sonsuz gibi derin kavramlar da buna dahildi elbette. Dünyamıza egemen olmuş esrarengiz on rakamın formülasyonu da yine sayıların anlamı üstüne kurulu. Grothendieck'in çalışmaları onu çok ileri noktalara taşıdı, kendisi çağımızın en meşhur matematikçisi oldu.

Sonra, kariyerinin zirvesindeyken, Paris'teki 1968 öğrenci ayaklanması sırasında hafiften aklını kaçırdı. ABD'nin Vietnam'a açtığı savaş en ağır dönemindeydi ve Grothendieck öyle güçlü bir savaş karşıtı oldu ki, savaşı protesto etmek için Vietnam'a gitti. O zamandan beri kendini siyasal ve çevreci aktivizme adadığı söylenebilir.

Grothendieck matematik hakkında konuşma yapmaya davet edildiğinde, belirtilen konu hakkında konuşmayı reddedip, bunun yerine savaş karşıtı, çevreci bir vaaz veriyordu. Dinleyicilerinin çoğu siyasi olarak onunla benzer görüştelerdi, ama bir yandan da kendilerini kandırılmış hissediyorlardı; çünkü onlar siyasi nutuk değil, matematik üstüne bir konuşma dinlemeye gelmişlerdi. Böyle böyle, bir zamanlar hayranlık duydukları adamdan soğudular.

Bunun ardından Grothendieck uzun aralıklarla ortadan kaybolmaya başladı ve nihayet, 1990'larda toplumdan tamamen koptu. Şimdi dünyadan elini eteğini çekmiş halde, Fransa'daki Pirene dağlarında inzivada yaşıyor.* İyilik ve kötülük konusuna takıntılı olduğu, evreni Şeytan'ın yönettiğini ve ışık hızını saniyede 300.000 kilometre gibi güzel bir yuvarlak rakam olacakken, saniyede 299.792,458 kilometreye getirenin de Şeytan olduğunu düşündüğü söyleniyor.[4]

Fakat Grothendieck dağlara çekilmeden önce, yukarıda söylediğim gibi, cebirsel geometri alanını baştan aşağı yeniden kurmuştu. Bu muhteşem çalışması kapsamında yeni bir kavram icat etti: *topos. Topos*, uzay kavramının nihai genelleştirmesidir. Böylesi cüretkâr bir fikri ortaya atacak yürek, matematiği bu kadar rahat kullanmak yalnız ve ancak Grothendieck'ten beklenebilirdi. Bundan sonra, Fransızların Nicolas Bourbaki adlı gizli matematik derneğinin çoktandır üyesi olan arkadaşı (fakat Grothendieck ortadan kaybolduktan sonra onu hiç görmediğini söyleyen) Pierre Cartier'nin ifadesiyle, "Grothendieck *matematiği her nevi topos'a ve başka şeylere çevirme hakkını edindi.*"[5]

Bu aşağı yukarı şöyle demek: Grothendieck, matematiği hangi kalıba istiyorsa ona dökebileceği kadar güçlü bir genelleştirme aracı bulduğunu düşünüyordu. Artık sayıları sadece rakam ve soyut varlık olarak değil, geometrik şekil olarak da görebiliyordu; şekilleri numerik varlıklara dönüştürebilir, ayrıca her ikisini de son derece özel matematik alanlarına soyutlayabilirdi ki bu alanları sadece

* Alexander Grothendieck, 13 Kasım 2014'te, 86 yaşında Fransa'da öldü. Ölümüne kadar Pireneler'in eteklerinde bir köyde yaşadı. Yahudi kökenli Anarşist babası Alexander Schapiro/Tanaroff Fransa tarafından Nazilere teslim edilip 1942'de Auschwitz toplama kampında öldürülmüş, Protestan kökenli Johanna Grothendieck de "istenmeyen tehlikeli yabancı" olarak tutulduğu toplama kamplarında kaptığı verem nedeniyle 1957'de ölmüştür. Çocukluk ve gençlik yılları mülteci olarak ve Nazilerden kaçarak geçen Alexander Grothendieck, İkinci Dünya Savaşı sırasında Fransa'da Protestan pasifistler ve savaş karşıtı aktivistlerin mülteci çocuklar için açtığı ortaokulda matematiği tanıyıp sevmiştir. Kaynak: http://www.wikiwand.com/en/Alexander_Grothendieck, erişim Nisan 2019 —*çev. notu.*

4 Bkz. Pierre Cartier, "A Mad Day's Work," *Bulletin of the American Mathematical Society* 38, no. 4 (2001), s. 393.

5 *A.g.e.*, s. 395; italik yazılan kısım metnin aslından.

en uzman matematikçiler gözlerinde canlandırabiliyor ve anlayabiliyordu. Sonra, çok az insan hayal edebildiği bu çok acayip alanlarda "matematik yapıyordu". Sayı, bir dizi işaretle (çeşitli şekillerde düzenlenmiş rakamlarla) simgelenebilen soyut bir kavramdır; Grothendieck şimdi bu soyutlamayı yepyeni bir düzeye çıkarıyordu.

Grothendieck'in icat ettiği *topos* matematiğinin, Fred Linton tarafından açıklandığı üzere, Doğu türü mantığı tanıyan, matematiksel olarak tutarlı ve doğru bir zemine izin verdiği anlaşıldı.[6] Teknik olarak bizim katı "ya biri ya öbürü" mantığımızı zorunlu kılan, matematiğin temeli olarak küme teorisine dayanmamızdır. Bu bize küme elemanı olma kavramını veriyor ki bu da müsamahası olmayan bir kavram: Bir şey ya kümenin elemanıdır ya da elemanı değildir; ikisi birden olması veya hiçbiri olmaması imkânsızdır.

Grothendieck'in –başka matematikçilerin de katkılarıyla– yaptığı iş, matematiği küme teorisine ve küme üyeliğine dayalı olmaktan kurtarmaktır. Grothendieck bunun için kategori teorisi denen bir şey kullandı; burada kümelere ve üyelik kurallarına gerek yok. Böylece özgür olan Grothendieck *topos*'u tanımlayabildi; *topos*'un içinde ya şu ya bu mutlaklığını zorunlu tutmayan başka mantık sistemleri de meşru bir şekilde var olabiliyordu.

İşte böylece Linton, Grothendieck'in çalışması üzerinden Nagarjuna'nın dörtlü önermesinin (dörtleminin) gayet geçerli bir matematik temeli olduğunu gösterdi. *Topos*, dört ihtimalin birden bulunduğu Doğu mantığını, Batı mantığıyla aynı sağlam temel üstüne oturtuyor. Doğu mantığındaki çok güçlü kavramlardan biri de boşluk, yokluk ya da hiçlik, yani sıfırdır.

Linton'ın *topos*'u dörtlü önermeye uyarlandığında, "doğru değil"in tersi, "doğru" ile aynı şey olmuyor. Nagarjuna'nın yakaladığı Doğu düşüncesinin anahtarı burada. Batı'da,

6 F. E. J. Linton, "Shedding Some Localic and Linguistic Light on the Tetralemma Conundrums."

doğru değil'in değil'i doğru'dur; bu bizim karşıtlık yoluyla kanıtlama yapmamıza imkân tanır ve katı düşünme biçimimizin özü burada yatar. Oysa Linton *topos*'unda bir "doğru" var, ayrıca bir "doğru değil" var; bir de üçüncü şey var, adı "doğru değil'in değil'i". Linton'ın sevdiği örneği kullanırsak, bu mantık "Kahve tatsız değildi," gibi şeyler söylediğimiz durumlara cuk oturuyor: Kahve tatlı değilmiş, ama tatsız da değilmiş.

Bu bana şu durumu hatırlatıyor: Birkaç sene önce yayıncım, bir kitabımın tanıtımı için anlaşmış oldukları kişiden bahsederken "Albenisiz değildi," demişti. Bu tam da Linton'ın ara alan mantığına uyuyor işte: Yayıncım bu kişinin albenili olduğunu söylemiyordu, ama albenisiz olduğunu da söylemiyordu.

Bir şeyin, birbirini dışlar gibi görünen iki durumun (olasılıksal veya başka türlü) karışım halinde olduğu bulanık mantığa veya kuantum mekaniğine aşina okurlar, Linton *topos*'una böyle de bakabilirler. Linton'ın çalışması, Nagarjuna'nın Doğu mantığının ve dörtlü önermenin (katuskoti) matematikte sağlam bir zemini olduğunu ispatladı. O zamanlar Malezya'daki üniversitede görevli olan arkadaşım C. K. Raju'nun yakın zamanda dikkatimi çektiği üzere, kuantum hesaplama, eğer uygulanabilir bir gerçeklik haline gelirse, bizim tek mantık olarak temel aldığımız alışıldık mantıktan daha farklı mantık ilkelerini de kullanabilir.[7] Sistemimizin temel rakamı olan sıfırın bulunmasını sağlayan şeyin, özünde, işte bu katuskoti mantığı olduğunu düşünüyorum.

7 Bu konuda daha fazla bilgi için bakınız: C. K. Raju, "Probability in India," *Philosophy of Statistics*, der. Dov Gabbay, Paul Thagard ve John Woods (San Diego: North Holland, 2011), s. 1175.

7

HİNDİSTAN'DA MATEMATİK VE MANTIK (ayrıca matematik ve sayıları seksle bir araya getirmek) çok eskilere dayanır. Hint dilindeki en kadim metinler, daha önce söz ettiğimiz gibi, ilahilerden ve törenlerden oluşan dört derleme, yani Vedalardır. Vedalar, Sanskritin Veda Sanskriti veya Eski Hint-Aryan denen antik şekliyle yazılmıştır.[1] *Rigveda* bu çok eski belgelerin en eskisidir; bunun MÖ 1100'de yazıldığı düşünülüyor.[2] Bu metinde bile sayıların bol bol kullanıldığını görüyoruz, özellikle de 10'un üslerinin:

> 1. Sindhu kıyısında yaşayan Bhārya'ya bilgelikle bu güzel duaları sunarım. Çünkü o zapt edilemez kral, övgü isteğiyle, benim binlerce kurban töreni yapmamı sağladı.
> 2. Niyaz ettiğim yüz kolyeyi ve yüz bahşiş atı bir kerede kraldan aldım. Efendiden bin inek alan ben Kakshīvān. Onun ölümsüz şanı cennete kadar ulaştı.[3]

Hindistan tarihçisi John Keay, bu ilahinin aşağıda verilen son kısmında "'saadet,' 'yarattığın' gibi kelimelerin yerine cinsellikle ilgili kelimeler konduğunda," Kalküta Üniversitesi'nden B. K. Ghosh gibi bir uzmanın bu ilahiyi müstehcen olarak tarif etmesini mümkün kılan bir "anlam yakalanabildiğine" dikkat çekiyor. Böylece ilahiyi erotik bir şiir gibi de görebiliriz:

1 Kim Plofker, *Mathematics in India* (Princeton, NJ: Princeton University Press, 2009), s. 5.

2 John Keay, *India: A History* (New York: Grove Press, 2000), s. 29.

3 *A.g.e.*, s. 30 [Türkçesi: *Rigveda* I:126:1-2, çev. Korhan Kaya, İş Bankası Kültür Yayınları, 2018].

> Ey muhteşem tanrım, parlayan ışıltılarla muradına
> eresin.
> Bizzat verdiğin saadet doruklara varsın. Senin
> memnuniyet dolu yarattığın,
> Saadetin kendisi kadar coşku vericidir o, saadetini
> elinde tutan.
> Sen ki kudretsin, senin için saadet de bir o kadar
> kudret vericidir,
> Ey kadir, bin sevinç veren.[4]

Rigveda'da cinsellikle ilgili imgelemi ve sayıların sıkça kullanımını yan yana görüyoruz. Hindistan tarihçisi John McLeish'e göre, "Hindistan altkıtası sakinleri kurdukları ilk uygarlıklarından itibaren sayılar konusunda son derece derin bir farkındalığa sahip olmuştur".[5] McLeish ayrıca, Hindistan altkıtasının bilinen ilk şehirlerinden biri ve İndus vadisi medeniyetinin bir parçası olan, yaklaşık 4 bin yıl önce en parlak çağını yaşamış Mohenjo Daro şehrinin halkı için "Basit bir ondalık sistem kullanıyorlardı ve sayı saymak, tartı ve ölçü için bazı yöntemleri vardı. Bunlar, aynı dönemin Mısır, Babil ve Yunan Miken medeniyetlerindeki uygulamalardan çok daha ileriydi," diyor. "Veda sunaklarının kesin matematiksel talimatlara göre yapılması gerekiyordu; doğru oranlar ve doğru geometri çok önemliydi."[6]

Anlaşılan, Antik Hindistan'da sayılar, insanlık tarihinin çok erken bir aşamasında, dinî amaçlarla icat edilmişti. Sayılar Batı'da pratik kaygılarla (para hesabının, muhasebenin ve gündelik işlerin gereği olarak) kullanılırken, Doğu'da ruhani, dinî bir anlam kazandılar.

Hint matematiği hakkında birçok kitap okudum. David Eugene Smith'in 1925'te yazdığı matematik tarihi kitabında şu bilgileri buldum:

4 *A.g.e.*, s. 30.
5 John McLeish, *The Story of Numbers* (New York: Fawcett Colombine, 1991), s. 115.
6 *A.g.e.*, s. 116.

> Hindistan'ın eski rakamları çeşitli şekillerdedir. En eski şekilleri, MÖ 3. yüzyılda Hindistan'ın büyük bölümüne egemen olan, Budizmin büyük koruyucusu Kral Aşoka'ya ait yazılarda bulunmuştur. Karakterler birörnek değildir, Hindistan'ın farklı yerlerindeki dil şartlarına uyum sağlayacak şekilde değişiklik gösterirler. Karosthi rakamları basit, dik çizgiler biçimindedir, Brahmi karakterleriyse daha ilginçtir. Puna'ya 75 kilometre mesafedeki Nana Ghat mağarasında bulunan Nana Ghat yazıtları, Aşoka fermanlarından bir asır sonrasına aittir.[7]

Nana Ghat yazıtlarındaki bu rakamlar arasında, bugün kullandığımız 7'ye benzeyen bir 7 ve Yunancanın *alfa* harfine benzeyen bir 10 var. Aşağıdaki resimde görebilirsiniz.

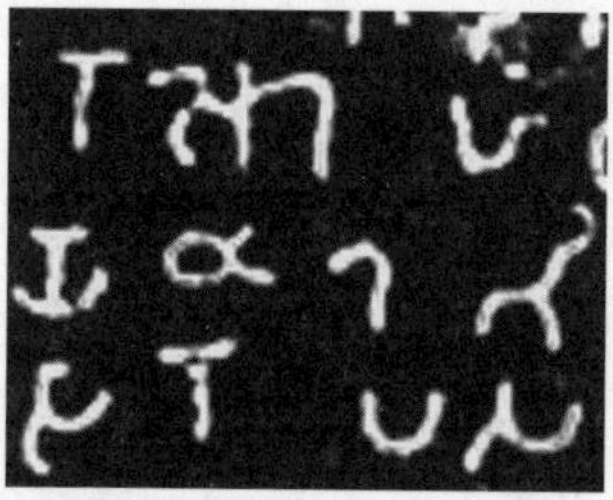

Nana Ghat mağara yazılarındaki rakamlar. 10 ve 7 ortada.

Bu rakamlar, zamanla bugün kullandığımız rakamlara dönüşenlerin arasında en eskilerindendir. Budist rahipler bu rakamları, Batı Gat (Ghat) dağlarının yüksek yamaçlarından birinde bulunan bir mağaranın duvarına yazmış. MÖ 2. yüzyılda bu mağarada yaşamış, ibadet yeri olarak da burayı kullanmışlar. Asya'nın birçok yerini dolaşan Budist gezginlerin, 10 tabanlı sayı sisteminin sonunda tüm kıtaya yayılmasını sağlayan kişiler olduklarını da biliyoruz. Mağarayı ziyaret etmek için, yer altındaki bu Budist mekânının

7 David Eugene Smith, *History of Mathematics, Volume 2: Special Topics in Elementary Mathematics* (Boston: Ginn and Company, 1925), s. 65.

girişini gizleyen sarp kayalıklara varan dik yokuşta dört saat tırmanmak gerekiyor. Hindistan devleti burayı korumak için yeterli gayreti göstermemiş; şimdiki sayı sistemimizin öncüsü olan rakamları barındıran yazıtlar bugün vandallık ve bakımsızlık yüzünden yıpranmış halde.

Peki ama rakamlar buradan nereye gitti? Aşoka'nın zamanında formüle edildikten sonra gelişimlerini nasıl sürdürdüler?

Yeni Delhi'deki Ulusal Müze'de, Hint dili ve diğer Asya dillerinde harflerin evrimini açıklayan büyük bir sergi bölümü gördüm. Sergi alanının yakınında, çalışmaların devam ettiği bir araştırma merkezi vardı. Oraya gidip iki araştırmacıyla sohbete başladım; bir tanesi beni şaşırtan bir şey söyledi: "İtiraf etmeyi sevmeyiz, ama bizim yazı dilimiz aslında Aramiceden gelir." Beklemediğim bir şeydi bu. Ceketli ve papyonlu, orta yaşlı araştırmacı, "Tabii," diye devam etti, "Hindistan'ın Ortadoğu'yla ve Yunanistan'la çok uzun zamandan beri ticari ilişkileri vardı ve Antik Yakın Doğu'nun ortak dili Aramice bizim yazımızın gelişimini de etkiledi".

Ama bence rakamlar oradan gelmiş olamazdı; çünkü Yakın Doğu'da kullanılan rakamlar ya 60 tabanlı Babil rakamlarıydı, ya da harflerden oluşan Grekoromen rakamları. Bu izlenimimi araştırmacılara aktardığımda, onlar da buna katıldılar; yazının öncülleri buraya Yakın Doğu'dan gelmiş olsa bile, rakamlar belki de hakiki Hint icadıydı.

Aslında, dünyanın en eski rakamları her halükarda Fenike harfleri olsa gerekti; İbranice, Aramice ve diğer Sami alfabeleri de buradan evrilmişti.[8] Fenike dili Yakın Doğu'nun en eski dilidir; Pisagor'un da bu bölgede seyahat ettiğini, matematik hakkındaki ilk kavramlarından kimilerini Fenikelilerden, Mısırlılardan ve onların rahiplerinden öğrendiğini biliyoruz. *A* harfi de, İbranicenin *alef* harfi de, Fenike alfabesinin *aluf* harfinden gelir. Öküz anlamındaki

8 M. E. Aubet, *The Phoenicians and the West* (Cambridge: Cambridge University Press, 2001).

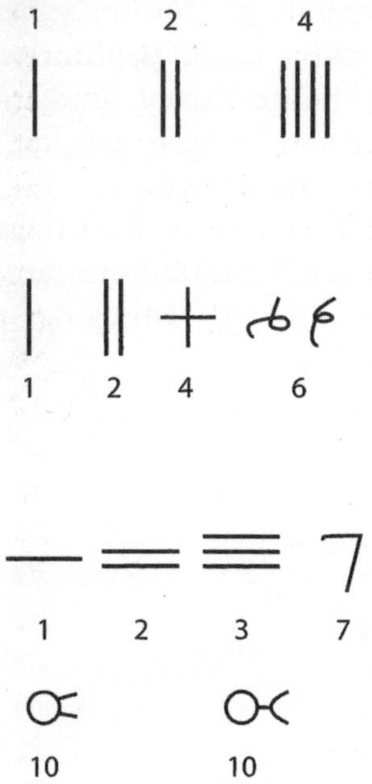

Kharosthi (üstte, MÖ 3. yüzyıl) ve Brahmi (ortada, Kral Aşoka'nın yazıtları, MÖ 3. yüzyıl) rakamları ile Nana Ghat ve Nasik mağaralarında bulunan rakamlar (altta).

bu kelime, bir öküz başının stilize çiziminden esinlenilmiştir. Bu harf bir zamanlar 1 sayısını gösteriyordu. *Alef*, bazı dindar Yahudiler tarafından bugün de 1 yerine kullanıyor. Aynı harf *alfa* olarak Antik Yunanlar tarafından da 1 yerine kullanıldı. Sonra Romalılar 1 için I, 2 için II, vb. kullanmaya başladılar; Yunanlılarsa bu arada kendi harflerini rakam olarak kullanmayı, 2 için *beta*, 3 için *gama* yazmayı sürdürdüler; İbraniler de rakamlara *bet*, *gimmel*, vb. demeye devam ediyorlardı.

Nana Ghat yazıtları, rakamlarımızın çok çok eskiden kalma gerçek Hint buluşları olduğu yönünde güçlü bir kanıt sundukları için çok büyük önem taşıyor. Bu sayılardan da önce, daha eski Hint rakamları vardı; yani Kral

Aşoka'nın heykellerinde gördüğümüz, Nana Ghat'taki rakamlardan biraz daha farklı Brahmi yazıları. Onlar da, MÖ 3. yüzyıldan itibaren Kuzey Hindistan ve Pakistan'da Sanskritin ve diğer yerel dillerin yazıldığı bir başka alfabe olan Kharosthi yazısıyla ilgiliydi.

Erken dönemde sayı içeren bütün bu yazıların Hindistan'da yazılmış olması uzmanlara rakamlarımızın Hint kökenli olduğu kanaatini verdi. Peki ya sıfır?

8

EVET, C. K. RAJU'NUN İDDİALARI BİRAZ aşırı olabilir; kendisi de dünyanın çeşitli yerlerinde katıldığı konferanslarda yaptığı provokatif açıklamalarla, mesela Öklid diye birinin yaşamadığı, kalkülüsün çok eskiden Hintliler tarafından icat edildiği gibi iddialarıyla olumsuz bir nam salmaktan keyif alıyor muhtemelen. Fakat Raju aslında bir yanlışı doğruya çevirmeye uğraşıyor: Doğu'nun, rakamlar ve sıfırın icadı gibi Doğu'da yapılan buluşlar için hak ettiği itibarın hiç olmazsa kısmen iadesi için çabalıyor. Onu bir sonraki görüşümde, sesinde tam bir güvenle, "Şunya, yani sıfır, bariz bir Hint icadıdır," dedi. Sıfır sahiden de Doğu icadı. Ama Hindistan'dan çıktığını kesin olarak söyleyemeyiz.

Gelgelelim, matematiğin ve bilimin tarihi üstünde çoktandır etkili olan bir Batı tarafgirliği var ve tarihsel yanlış algılamaları düzeltmek çok zahmetli bir iş, hep de böyle olageldi. Raju, Doğu'ya bu alanda hak ettiği itibarı geri kazandırmaya çabalayan önemli aktörlerden biri.

Hindistan'ın antik dönemine dair genel ve büyük bir sorun söz konusu; kesin sonuçlara varmayı da çok zorlaştıran bu sorun, tarihleme sorunu. Hindistan tarihine ait malzemelerin ve olayların tarihini tespit etmek çok çetrefil bir iş. Bazı cisimlerin kaç yıllık olduğuna dair farklı uzmanların görüşleri arasında bin yıla varan farklar var. Bu sorun Hindistan'da kronolojinin ortaya konmasını engelledi ve özellikle kimin neyi, ne zaman icat ettiği tartışmalarının çözülmesini büyük ölçüde imkânsız kıldı.

Hindistan'da sayıların ve matematiğin tarihini etkileyen özel bir sorunsa, matematikle ilgili meselelerde ayrıntıların yetersiz olmasıdır. Hintli matematikçiler, Batılı bir kafanın matematiksel ispatta (veya mantıksal çıkarıma dayalı niceliksel bir tezde) görmeyi bekleyeceği önemli kısımları fena halde boş bırakmış, keşif tarihlerini de vermemişler.

20. yüzyılda bile, çok önemli sonuçlara ulaşmış matematik dehası Srinivasa Ramanujan, çalışmalarının kritik ayrıntılarını yazmamış. Ramanujan 1887 yılında, Güney Hindistan'daki Tamil Nadu eyaletinde, Madras (bugün Chennai) yakınındaki Erode köyünde doğdu. Gençliğinde, matematikte olağanüstü önemli ve zor yüzlerce sonuca ulaştı. Bunları önde gelen İngiliz matematikçi G. H. Hardy'ye mektupla gönderdi. Hardy mektuplardaki müthiş matematik sonuçlarının bir dahi tarafından yazıldığını anladı; fakat Ramanujan mektuplarında hiçbir ayrıntıya ve ispata yer vermediği için Hardy neyin yeni ve doğru olduğunu, neyin doğru olmadığını ve neyin doğru olmakla birlikte önceden de bilinen bir bilgi olduğunu ayırt edemiyordu. Yine de Hardy, Ramanujan'ın ona gönderdiği, adeta bir hazine sandığından çıkan matematik denklemlerinden çok çok etkilenmiş ve "Gözlerime inanamadım," demişti, "bunların yakınından uzağından geçen hiçbir şey görmedim ömrümde". Hardy'ye göre, bu sonuçlar muhakkak doğruydu; çünkü "Eğer doğru değillerse bunları uyduracak hayal gücüne sahip bir insan olamaz!"[1]

Dünyanın öbür ucunda, tanınmamış bir genç matematikçinin sergilediği bu hiç beklenmedik matematik başarısı Hardy'yi öyle etkilemişti ki, Ramanujan'la birlikte çalışabilmek için onu Cambridge'e davet etti. Ramanujan sonunda İngiltere'ye geldi, ama feci hastaydı ve maalesef çok az ömrü kalmıştı. Ramanujan'ın ispatsız bilgisinin iyi bir örneği, İngiltere'de Putney'de hastanedeyken Hardy'yle aralarında geçen bir olaydır.

Ramanujan hastanede, bilinmeyen bir hastalıktan dolayı acı çekerken (bugün, Ramanujan'ın daha 32 yaşında, kariyerinin baharında ölmesine yol açan o hastalığın parazit kaynaklı bir karaciğer enfeksiyonu olduğu düşünülü-

1 Robert Kanigel, *The Man Who Knew Infinity* (New York: Washington Square, 1991), s. 168.

yor), Hardy onu ziyarete gitmişti. Ne diyeceğini bilemeyen Hardy, Ramanujan'a "Buraya taksiyle geldim, plakası da pek özelliksiz bir sayıydı: 1729," dedi. O anda Ramanujan, hastalıktan bitap düşmüş haline rağmen yatağından fırladı ve "Hayır Hardy, hayır Hardy!" diye haykırdı. "Çok ilginç bir sayı o! İki kübün toplamı olarak iki farklı şekilde ifade edilebilen en küçük sayı o." ($1729 = 1^3 + 12^3$ ve $1729 = 10^3 + 9^3$.) Ramanujan, sayılar ve denklemler hakkında bu türden binlerce şeyi kendiliğinden *biliyordu*; bu bilgiye nasıl ulaştığını göstermekle de hiç uğraşmıyordu. Hiçbir şeyi kanıtlamaya ihtiyaç duymuyordu.

Hindistan'da ispatların bazıları, bir eserin tam olarak anlaşılması için gerekenden daha az ayrıntı içeriyordu. Belki de, daha kısa ve öz olan bu şekli tercih etme âdeti de yine, başka bir mantıkla ilişkiliydi. Rakamlar örneğinde de benzer bir olgu görüyoruz. Çok çok eski bazı Hint belgeleri var ki, eğer doğru tarihleniyorlarsa, rakamların icat edilmesinde Hintlilerin herkesten önde olduğunu gösterebilirler. Ama bunların çoğu, eğer taşa kazınmış değillerse, ya tarihlenemez durumdalar ya da tarihlenmemişler. Mesela bakır ve bronz levhaların pek çoğu bugüne gelmiş; fakat tarihler ana metne değil başka bir yere, genellikle kenarlara yazılmış oluyor, bu da tarihin uydurma veya sonradan eklenmiş olabileceği anlamına geliyor. Bu tarihler genel olarak güvenilir değil.

Bu levhalardan biri olan Khandela yazıtının peşine düştüm. Bu yazı, Hindistan'da rakamların gelişmesi hikâyesinin devamına ışık tutabilecek nitelikteydi. Üstelik yazı doğru olarak tarihlenmiş olabilirdi ve bunu doğrulamak da mümkündü. Fakat böyle bir yazıtın gerçekten var olup olmadığını bile kimse bilmiyordu. Yine de onu bulmak için uğraşmam gerektiğini düşündüm.

RACASTAN. Adı, çorak tepelerde dörtnala giden, rengârenk giyinmiş çöl atlıları, dağlarda derin göllerin kıyısında kaleler, peri masallarına ait bir yerlere doğru sıra sıra giden filler ve tabii yılan oynatıcıları gibi görüntüleri çağrıştırıyor. Varlığından hiç emin olmadığım bir bakır levhanın peşinde, Khajuraho'dan Racastan'ın doğu kesimindeki Jaipur'a geçtim. Khajuraho'nun havaalanı ufak bir pistten ve bir kulübeden ibaretti; Jaipur'un havalimanıysa daha büyüktü, hatta bir-iki lokantası bile vardı. Jaipur, Hindistan'ın "Altın Üçgen" turist rotası üstünde bulunuyor; gidip gelenlerin artışı, son zamanlarda büyümeyi de hızlandırmış.

Khajuraho'dan gelirken aktarma yaptığım Delhi'de yoğun sis dolayısıyla uçağım gecikince, Jaipur havalimanına gece geç saatte vardım. Gelen yolcu salonunda oturup, camdan, yolcuları karşılamayı bekleyenleri seyre daldım. Sonra elinde benim adım yazılı bir kâğıtla bekleyen limuzin şoförünü gördüm; kalacağım otel onu beni almaya göndermişti.

Dünyanın herhangi bir büyük şehrinde, şehir içinde bir otelde kalmak için ödeyeceğiniz paraya, Racastan'da sarayda kalabilirsiniz. Ben de öyle yaptım. Jaipur'da kalacağım yer olarak, Jaipur Mihracesi'nin sarayının hangarını ayırttım. Mevcut yönetici, sarayın bütün süitlerinin ve odalarının yanı sıra, hangarı da kiralıyordu. Burası, sarayın içindeki odalardan biraz daha ucuzdu. Yine de muhteşem bir yerdi; yerler Keşmir halılarıyla kaplıydı; abanoz ağacından güzel dolaplar, sayvanlı bir kraliyet karyolası vardı. Sessiz, huzurlu bir yerdi. Khajuraho'daki dökük Best Western otelindekinden çok daha iyi uyudum burada. Ertesi sabah, kuzeydoğuya doğru 80 kilometre uzaktaki bir harabeye gitmek üzere, geceleyin beni karşılayan şoförü tuttum. Üstünde eski rakamlar ve belki bir de sıfırın bulunduğu o bakır levhanın, yani Khandela yazıtının orada görüldüğü rivayet ediliyordu.[2] Yazıt eğer hâlâ oradaysa, yıkık bir tapınağın duvarında olmalıydı.

Kıvrıla kıvrıla giden ıssız bir yoldan gidiyorduk. Bir gölün yanından geçtik; gölün ortasında bir ada, adanın

2 Üstünde çok erken döneme ait bir sıfırın da bulunabileceği bu levhadan söz eden nadir bir kaynak: *Epigraphia Indica* 34 (1961-1962).

üstünde eski bir kale vardı. Kıyıda, yola yakın bir yerlerde bir tören alayı gördük; insanlar süslü fillere ve develere binmiş gidiyorlardı. Burun delikleriyle üflemeli bir çalgı çalan yaşlıca bir adamın etrafında küçük bir kalabalık toplanmıştı. Harabelere doğru yavaş yavaş inmeye devam ettik. Yol üzerindeki bir durak noktasında, bir yılan oynatıcının çevresine dizilmiş bir avuç turist gördük; kobra yılanı kavalcının müziğinin ritmine uyarcasına sallıyordu başını.

Nihayet varış noktamıza geldik. Tepenin üstünde, terk edilmiş, viran halde bir tapınaktı. Zirvede rüzgâr kuvvetle esiyor, tozlar uçuyordu. Tapınak harabesi yalnız iki duvardan oluşuyordu; yer, diğer duvarlardan düşmüş taşlarla kaplıydı. Tapınak çevresinde dolaştık, ama bakır levha filan bulamadık. İki saat aradım, yazıtın olabileceğini düşündüğüm her yere baktım; fakat yazının yerinde yeller esiyordu. Hindistan tarihine ait önemli malzemelerden böyle yok olanı çok, diyerek, duyduğum hayal kırıklığını gidermeye, teselli bulmaya çalıştım. Şoförüm beni mihrace sarayının hangarına geri götürdü. Bundan sonraki işim, Hindistan'ın bilinen en eski sıfırını görmekti. *Bu* yazıtın var olduğu kesindi.

Jaipur'dan ayrılmadan önce *Jantar Mantar* gözlemevine gittim. Kelime anlamı "alet formülü" olan bu gözlemevinde, yüzlerce yıl önce Hindistan'ın önde gelen matematikçileri çalışmıştı. Jaipur'daki Jantar Mantar bugün, Hindistan halkına ve gezginlere eski astronomiyi anlatan bir müze. Burada sergilenen incelikli aletleri inceledim. Teleskop öncesi aletlerdi bunlar, dolayısıyla mercekleri yoktu; fakat hakikaten çok gelişmiş aletlerdi ve gök cisimleri arasındaki açıları epey yüksek bir hassasiyetle ölçebiliyorlardı. Kimisi, gezegenlerin, ayın ve yıldızların bütün yıl boyunca aldığı konumları izleyebilen takip cihazlarıydı. Bu aletlerin üzerindeki rakamlara baktım. Burada sergilenenler daha sonraki döneme, 16. ve 17. yüzyıla ait aletlerdi. Dolayısıyla bütün rakamlar modern rakamlardı ve aralarında sıfır da vardı.

SIFIR DA DAHİL OLMAK ÜZERE, KULLANDIĞIMIZ rakamların Hindistan'dan geldiği yönündeki görüşü ilk ortaya atan, görebildiğim kadarıyla, ünlü Alman bilim tarihçisi Moritz Cantor'dur. Cantor 1891 tarihli bir yayınında "Sıfırla birlikte pozisyonel aritmetiği bilinçli olarak değiştirmenin bu şekli, en kolay, bu kavramların yurdunda açıklanabilir ve bu yurt bize göre Hindistan'dır. İkinci bir yurt daha olabileceğine dair sorular bulunsa dahi, Hindistan'ın buna yurt olduğunu doğrulayabiliriz. Bundan kastımız, her iki kavramın da Babil'de doğmuş, ki bu da kuvvetli bir ihtimaldir, ardından henüz çok az gelişmiş bir safhadayken Hindistan'a ulaşmış olabileceğidir."[3]

Michigan Üniversitesi'nden Louis C. Karpinski, 21 Haziran 1912'de *Science* dergisinde yayımlanan makalesinde, Cantor'un rakamların muhtemel kökenine dair bu çığır açıcı ifadelerini alıntıladı. Karpinski, Cantor'un Almanca yazdığı bu sözleri İngilizceye çevirmişti.[4] Sonra, aynı makalesinin devamında, rakamların herhangi bir şekilde Babil kökenli olabileceği yönündeki her türlü görüşü şöyle çürütüyordu: Babilliler 60'lık sistemi kullanıyorlardı, rakamlarını da çok geniş olan 60 sayı tabanı üstüne kurmuşlardı. Karpinski ayrıca Babillilerin basamak değerini gösteren sıfır kullanmadığına da dikkat çekiyordu ve rakamların mutlaka Hindistan kökenli olduğu sonucuna varıyordu. İyi ama rakamların, özellikle de hepsinden önemli olan sıfırın Hindistan'da icat edildiğinin kanıtı neydi?

Cantor da Karpinski de bu yönde kesin bir kanıt sunmuyordu. Karpinski, makalesinde "Hindu rakamlarına atıfta bulunan eski bir belge yayımlanmıştır," diyordu. "Bu belge fevkalâde önemlidir; çünkü yayın tarihi olan MS 662 yılı, Avrupa'da rakamların görüldüğü en eski tarih olarak

3 Moritz Cantor, *Vorlesungen über Geschichte der Mathematik*, c. 1 (Leipzig: Druck & Teubner, 1891), s. 608.

4 Louis C. Karpinski, "The Hindu-Arabic Numerals," *Science* 35, no. 912 (21 Haziran 1912), s. 969-70.

bilinen 9. yüzyıldan en az iki asır öncedir."[5] *Science* gibi saygın bir dergi için şaşırtıcı bir şekilde, Karpinski bahsettiği belgenin ne olduğunu söylememiş. Esasen, eğer bugün öyle bir belge bir yerde mevcutsa ve biri bunun sahiden de 7. yüzyılda yazılmış olduğunu kesinlikle kanıtlayabilirse, bilim tarihinin en önemli belgelerinden biri sayılacaktır. Karpinski'nin yine hiçbir kanıt göstermeden rakamların Avrupa'ya 9. yüzyılda geldiğini söylemesi de bir o kadar şaşırtıcı.

Dolayısıyla bu süreçte, sıfır da dahil, rakamların Hindistan kökenli olduğuna dair ikna edici kanıt bulunmadığı için, Avrupa'da pek çok biliminsanı rakamların Doğu kökenli olduğu gibi konularda şüpheci tavırlarını sürdürdüler. İleride göreceğimiz üzere, bunların bazıları, rakamların ve sıfırın ya bizzat Avrupalılar ya da Araplar tarafından bulunduğu iddiasını sürdürdüler.

Karpinski belki de meşhur Bakhşali yazmasını kast ediyordu. Huş ağacı kabuğuna yazılmış bu matematik belgesi, 1800'lerde, bugünkü Pakistan'da, Peşaver yakınlarındaki Bakhşali köyü civarında, yerde bulunmuştu. Yazının çok eski olduğu belli ve yetmiş yaprak olarak kullanılan kabuk o kadar kırılgan durumda ki dağılıp gideceği korkusuyla kimsenin buna dokunmasına izin verilmiyor. Bu antik belge bugün İngiltere'de, Oxford'daki Bodleian Kütüphanesi'nde sergileniyor. Bakhşali yazmasına dokunulamadığı için, bundan bir örneğe radyokarbon analizi yapılması da mümkün değil. Radyokarbon analizi, yazmanın kaç yıllık olduğunu mükemmel bir hassasiyetle ortaya koyabilir, ama şu şartlarda biz bu belgenin yaşını bilemiyoruz. Birçok uzman, dil ve metin analizlerine dayanarak bu yazmanın MS 8. yüzyıl ile 12. yüzyıl arasında yazıldığını düşünüyor; bazılarına göre ise, bu yazma çok daha eski, MÖ 200 ile MS 300 arasında herhangi bir zamanda yazılmış olabilir. Radyokarbon analizi yapılmadan bu belgenin tarihini kesin olarak saptamak mümkün değil.

5 *A.g.e*, s. 969.

Yazmada matematik konusunda bolca yazı var; ilk denklemlerden tutun da, karekök hesaplama yöntemlerine ve negatif sayıların kullanımına kadar. En önemlisi de, Bakhşali yazmasında sıfır için bir simge kullanılmış olması. Eğer bu yazma 2. ya da 3., hatta 4. yüzyıla tarihlenebilirse, sıfırın ve onunla birlikte bütün sayı sistemimizin çok erken bir dönemde Hindistan'da icat edildiği kanıtlanmış olur. Günün birinde İngiliz yetkililer pek zarar verici olmayan basit bir işlemin yapılmasına, kabuğun küçücük bir kısmının radyokarbon laboratuvarında analiz edilmesine izin verecek olurlarsa, bu çok önemli parçanın gerçek yaşını öğrenebileceğiz. O zamana kadar, matematik tarihinin en önemli Hint eserinin tarihi şüpheye açık olacak.*

İngiliz biliminsanı G. R. Kaye, Bakhşali yazması üstüne çalışan ilk kişiydi. 20. yüzyıl başında yaptığı incelemede yazmanın en erken *12. yüzyıldan* kalma olabileceği sonucuna ulaşmıştı. Böylece şimdiki sayı sistemimizin Avrupa veya Arap kökenli olduğunu da iddia edebiliyordu: "Yüz yıl kadar önce Hindistan tarihini ve edebiyatını inceleyen şarkiyatçıların her zaman en mükemmel araştırma yöntemlerini kullandıkları söylenemez; bundan dolayı pek çok hatalı bilgi yaydıkları olmuştur... Ortodoks Hindu geleneğine bakılırsa, Hint astronomisinin en önemli eseri 'Surya Siddhanta' en az 2 milyon yıl önce yazılmıştır!"[6]

* Bakhşali yazmasının radyokarbon analizi 2017 yılında yapılmış. Analize göre yazmanın farklı kısımları MS 224-383, 680-779 ve 885-993'e tarihleniyor. Ancak konunun uzmanları (Kim Plofker, Agathe Keller, Takao Hayashi, Clemency Montelle ve Dominik Wujastyk öncülüğünde) Bodleian Kütüphanesi'nin bu analizi bilim çevrelerinin dikkatine sunmadan duyurmasına tepki göstererek, kullanılan yöntemin hatalı olabileceğini bildiriyor. Vikipedi bunun yanı sıra şu bilgiyi aktarıyor: "Bakhşali yazmasında rakamlar basamak değeri sistemiyle kullanılmış, sıfırın yer tutucu özelliği bir noktayla karşılanmıştır. Bu nokta işareti *şunya-bindu* (tam karşılığı "boş yerin noktası") adıyla anılır. Subandhu'nun, biliminsanı Maan Singh tarafından 385 ile 465 yılları arasına tarihlenen *Vasadatta* eserinde bu kavramdan söz edilmektedir." Kaynak: http://www.wikiwand.com/en/Bakhshali_manuscript, erişim tarihi Mayıs 2019 —*çev. notu.*

Kaye, Moritz Cantor'un, Louis Karpinski'nin ve onlar gibi sayıların ve sıfırın Hindistan kaynaklı olduğunu düşünenlerin araştırmalarını açıkça reddediyordu. Makalesinde, rakamlarımızın Hindistan'dan geldiğini savunanların hepsine sivri bir dille saldırıyor, Hindistan'a ait tarih tahminlerini alaya alıyordu; bu tahminler arasında Bakhşali yazmasını erken döneme tarihlendirenler de vardı. Kaye'in yazısı şöyle devam ediyor: "MS 16. yüzyılda Hindu geleneği 'dokuz rakam ile bunların tüm sayıları yazmaya yetmesini sağlayacak yer tutma aracını' 'kâinatın iyiliksever yaratıcısı için' benimsedi ve bu, sistemin çok ama çok eski olduğunun kanıtı sayıldı!"[7]

Henüz bilmiyordum, ama Kaye benim hikâyemde de büyük rol oynayacaktı. Bu arada, sayı sistemimizin anahtarı olan sıfırın bir Doğu icadı olduğu varsayımıyla, bunun neden böyle olduğunu kendime sordukça, elimde olmaksızın bu buluşu Asya'da gördüğüm benzersiz mantıkla ilişkilendiriyordum. Tezime göre, şimdi kullandığımız rakamlar dinî, ruhani, felsefi ve mistik nedenlerle Doğu'da geliştirilmişti, gelişim nedeni Batı'da olduğu gibi pratik sanayiticaret kaygıları değildi. Burada özellikle hiçlik (Budizmin Sunyata kavramı) ve Caynacıların çok çok büyük sayı ve sonsuzluk kavramları önemli roller oynamıştı.

HİNDİSTAN'IN EN ESKİ SIFIRI, meşhur Tac Mahal'in olduğu Agra'nın güneydoğusundaki Gwalior kentinde bulunuyor. Gwalior'un tarihi efsanelerle dolu. MS 8'de Madya Pradeş'in hükümdarı Suraj Sen ağır bir hastalığa yakalanmış, ölüm döşeğindeymiş. Gwalipa adında bir keşiş onu iyileştirmiş. Gwalipa'ya minnettar olan Sen, bir şehir kurup, hayatını kurtaran insanın adını vermiş ona. Gwalior'da yüzyıllar içinde yapılmış birçok tapınak var; kent ayrıca Hindistan tarihi boyunca pek çok savaşta savunmasıyla rol oynamış

6 G. R. Kaye, "Indian Mathematics," *Isis* 2, No. 2 (Eylül 1919), s. 326.
7 A.g.e., s. 328.

meşhur bir kaleye sahip. Eskiden bu kaleye girmek neredeyse imkânsızmış; bugün modern şehrin ortasında duran kale, dik yamaçlarının yüksekliği 90 metreyi bulan bir tepenin üstünde kurulmuş. Bu nedenle düşmanların ona ulaşması ve duvarlarını aşması çok güç bir iş. Hinduların Çatur-bhuja, yani "dört kollu tanrının tapınağı" (Hindu geleneğinde dört kollu tanrı, dünyamızın güçlü koruyucusu Vişnu'dur) denen bir ibadet yerinde, duvardaki Sanskrit yazıda, tapınağın, MÖ 57 yılında başlayan bir takvime göre 933'te inşa edildiği kaydedilmiş. Buna göre tapınak MS 876'da yapılmış. Buradaki 933 sayısının rakamları, bugünkü rakamlarımıza şaşırtıcı derecede benziyor. Yazıda ayrıca tapınağa hibe edilen arazinin 270 hasta (bir alan ölçüsü) uzunluğunda olduğu belirtilmiş. 270'teki 0, bugün Hindistan'da gördüğümüz en eski sıfır.

Demek ki MS 876'da Hintliler, bizim modern bakış açımıza göre mükemmel olan bir sayı sisteminde, yer tutma işlevi gören o çok önemli sıfırı kullanabiliyorlardı. Bu sistemle, güçlü, etkili, belirsizliğe yer bırakmayan bir şekilde hesap yapma imkânına sahiptiler. Peki, zamanda daha da geriye gitmek, *ilk* sıfırın ne zaman ortaya çıktığını bulmak, insan aklının en büyük keşiflerinden birinin ilk örneğini görmek mümkün müydü? Onu *gözümle görmek,* ona dokunmak, onu hissetmek istiyordum.

Bilmecenin kalan kısmını çözmeden Hindistan'dan ayrıldım. Orada çok şey öğrendim, ama sayıların anahtarının, ilk sıfırın nereden, ne zaman geldiğine dair hiçbir şey bulamadım. Hindistan'daki en eski sıfır sahiden 876 yılına aitse, o zaman buraya da pekâlâ Arabistan'dan gelmiş, hatta Arabistan'a da Avrupa'dan gitmiş olabilirdi. Çünkü 9. yüzyıl Arapların deniz yoluyla yoğun ticaret ilişkilerine çoktan başlamış olduğu bir dönemdi. Bu dönem Araplarda ticaretin çok gelişmiş olduğu, tüccarların vızır vızır dolaştığı rotalar üstünde, yani Avrupa ile Doğu arasında mallarla birlikte fikirlerin ve bilginin de taşınabildiği bir dönemdi. Buradaki aktarım, Doğu'dan Batı'ya da, Batı'dan Doğu'ya da olmuş olabilir. Batı yanlısı Kaye'in verdiği derslerde, yazdığı makalelerde ortaya attığı iddia da aynen budur. Doğu'da Gwalior'dakinden daha erken tarihli bir sıfır bulunamadıkça, Kaye'in sıfır rakamının ya Avrupa ya da Arap kökenli olduğu iddialarını çürütmek mümkün değildi.

Eğer Doğu'da, Araplarla ticaretin başlamasından önceye tarihlenen bir sıfır bulunursa, bu, sıfırın sahiden de Doğu icadı olduğu hipotezine güçlü bir destek oluşturacaktı. Gwalior sıfırının, çok önemli olmakla birlikte, sayı sistemimizin en önemli öğesini kimlerin bulduğunu kesin olarak tespit etmeye yetmemesi işte bundan.

En eski sıfır elbette Maya sıfırıydı. Ama o, Orta Amerika'yla sınırlı kalmış, oradan başka yere yayılmamıştı. Gwalior sıfırıysa 9. yüzyıl ortasına aitti, yani tarihsel bir dönüm noktası değeri de taşımıyordu. Khandela yazıtı eğer günün birinde yeniden bulunacak olursa, Hindistan'da sıfırın tarihini daha eskiye, yıllar önce bu yazmayı incelediklerini belirten insanların dediğine göre MS 809'a çekebilirdi.[8] Ama yine de geç bir tarih bu; Khandela yazıtı da sıfır kavramını ve rakamını kimin icat ettiği meselesini çözecek kadar eski bir sıfır sunmuyor.

8 Bu bilgi için Takao Hayashi'ye müteşekkirim. Hayashi, Japonca yazdığı *Indo no sugaku* [Hindistan'da Matematik] kitabında kayıp Khandela tabletinden söz ediyor. (Tokyo: Chuo koron she, 1993), 28-29.

9

HİNDİSTAN DÖNÜŞÜ, ARAŞTIRMAM çıkmaza girmiş gibi geliyordu bana. Eski Hintlilerin 9. yüzyılda sıfırı vardı, ama o sıfır, başkenti Bağdat olan Arap imparatorluğunda, İslam halifeliğinde de vardı ve Arap tüccarlar Doğu ile Batı'yı birbirine bağlıyordu. Sıfır her tarafta bulunmuş olabilirdi: Belki Doğu'da icat edilmiş ve Arap tüccarlar tarafından Batı'ya aktarılmış, belki Avrupa'da bulunmuş ve yine Araplar tarafından deniz ticareti yoluyla Hindistan'a aktarılmış, belki de bizzat Arap matematikçilerce icat edilmiş ve Doğu'ya da Batı'ya da Araplar tarafından yayılmıştı. Bakhşali elyazmasına karbon tarihleme yöntemi uygulanır ve bunun Gwalior sıfırından çok daha eski olduğu bulunursa sorun çözülebilirdi. Ama ben kimdim ki inatçı İngiliz yetkilileri, paha biçilmez bir esere zarar verecek bir analiz yöntemi saydıkları araştırmayı yapmaya ikna edeyim? Bunu deneyen başkaları da olmuştu, ama çabaları sonuçsuz kalmıştı.

Sıfırı kimin icat ettiğini asla bulamayacağım gerçeğini kabullenmeliydim artık. Bu çalışmaya devam etmek istiyordum, ama geldiğim noktada yapabilecek pek bir şey göremiyordum. *Başka bir araştırma konusu mu bulsam,* diye sordum kendime. Fakat Debra beni çok destekliyor, sıfırın kaynağını bulmak için çalışmaya devam etmemi söylüyordu. Bense bu konuda araştırma kabiliyetime inancımı yitiriyor, tıkandığımı hissediyordum; sıfır hakkında yeni bir şey çıkaramıyordum artık. Araştırmamı ileri götürmek için yapabileceğim bir şey kalmamıştı; tüm çabalarım boşunaydı. Bu araştırmaya bu kadar zaman ayırıp da geldiğim noktada hayal kırıklığı duyuyordum, kızgındım ve keyifsizdim. Böylece istemeye istemeye, kafamı meşgul etmek için rakamlardan daha farklı bir konu bulmaya ihtiyacım olduğunu düşünen arkadaşlarımla meslektaşlarımın da desteğiyle, başka araştırma konuları aramaya başladım.

Bir orta yol buldum. Sıfır benim ulaşamadığım bir yerlerdeydi, ama başka sayı sistemlerine bakabilir, onları inceleyebilirdim. İtalya'da bugünkü Toskana'da ve Umbria'nın bir bölümünde yaşamış, en parlak dönemini MÖ 8. ve 3. yüzyıllar arasında geçirmiş Etrüsk halkının kendine özgü bir sayı sistemi vardı ve bu sistem henüz tam olarak çözülebilmiş değildi. Yeni bir araştırma heyecanıyla, ölüme ve cenazeyle ilgili sanatlara takmış bu gizemli İtalyalıların rakamlarına bakmaya başladım. Etrüsk uygarlığından kalma ören yerlerinde kemikten yapılma oyun zarları bulunmuştu; bu zarlar 1'den 6'ya kadar sayıların şekline dair bir ipucuydu. Bu sayıların hepsi Etrüsk alfabesinin harfleriydi, ama alfabenin kendisi deşifre edilemediği için, Etrüsk rakamlarının da hepsinin şeklinden emin değiliz. Kesin sonuçlara varacak kadar buluntu yok elimizde, mesele bu. İşin bu kısmı bana ilginç geldi. Bir ay boyunca yoğun çalışarak Etrüsk ve Yunan harfleri arasında bir benzerlik tespit etme konusunda ilerleme kaydettim. Mesela Etrüskler'de g sesi yoktu; Yunan alfabesinden aldıkları gama harfini C [K] yerine kullanıyorlardı. Milattan sonraki ilk iki yüzyılda Etrüsk medeniyeti Roma Cumhuriyeti içinde erirken, C de 100 sayısını ifade etmeye başladı. Böylece Yunan'dan Etrüsk'e, oradan da Roma'ya uzanan dairesel bir yol tamamlanmış oldu. İlginç bir araştırma konusuydu bu, ama ilk sıfırın peşine düşmek gibi heyecanlı değildi.

Sonra beklenmedik bir şey oldu. Bir gün Debra'yla yemek yiyorduk –keyfimi yerine getirmek için öğlen yemeğine eve gelmişti. Gwalior sıfırının, yani kısa süre önce gördüğüm, Hindistan'da bilinen en eski sıfırın hikâyesini biraz daha araştırmamı önerdi Debra. O sırada ikimiz de bilmiyorduk, ama bu öneri, olduğu yerde çakılıp kalmış araştırmamın ihtiyaç duyduğu sıçramayı sağlayacaktı.

Debra'nın önerisiyle, Gwalior sıfırı konusuna bir daha baktım ve hayretle, internette bu esere dair mükemmel bir anlatım buldum. Anlatım, Kanada'da, British Columbia Üniversitesi'nde çalışan matematikçi Bill Casselman'a aitti. Bunun üzerine, damdan düşer gibi Casselman'ı arayıp, bana Gwalior hakkında biraz daha bilgi vermesini rica ettim. Casselman benimle heyecanla konuştu, uzun ve keyifli sohbetimiz sırasında kendisinin sayıların tarihi konusunda şaşırtıcı derecede kapsamlı bilgi sahibi olduğunu öğrendim. Meğer Casselman doktorasında Princeton Üniversitesi'ndeki Japon-Amerikalı sayı teorisyeni, meşhur Goro Shimura'yla çalışmış; ben de önceki kitaplarımdan *Fermat's Last Theorem* [Fermat'nın Son Teoremi] için hazırlık yaparken Shimura'yla görüşmüştüm. Tesadüfen böyle bir bağlantı da keşfedince, Casselman'la arkadaş olacağımızı düşündüm.

Casselman bana Gwalior'dakinden daha eski bir sıfırın Kamboçya'da olduğundan ve Fransız arkeolog George Cœdès'in bu konuda onlarca yıl önce yazılmış bir yayını bulunduğundan emin olduğunu söyledi. Bu bulgu hakkında kendisinin de başka bir bilgisi olmadığını belirterek, tüm hikâyeyi ortaya çıkarmamı önerdi. Bunu duyunca neredeyse sandalyeden düşecektim; Cœdès'in, Laci'nin yıllar önce makalesini okuduğu o arkeolog olduğunu hemen anladım. İzini nihayet, neredeyse tamamen tesadüf eseri bulmuştum.

Şaşkına dönmüştüm. Ben nasıl olmuştu da, bunları kendim bulamamıştım? Kaç aydır sıfırın tarihini pürdikkat çalışan ben değil miydim? Daha sonra şunu da fark ettim ve iyice yerin dibine girdim: Masamda en üstte duran kitapta, yani Fransız araştırmacı Georges Ifrah'ın *Rakamların Evrensel Tarihi* kitabında Cœdès'in çalışmalarından birkaç defa söz ediliyordu. Ve ben bunların hepsini gözden kaçırmıştım. Bir süre kıpırtısız kalakaldım, sonra gördüklerime inanamayarak gözlerimi ovuşturdum. Ben nasıl bu kadar dikkatsiz davranabilmiştim? Gittim dolaptan sert, buz gibi bir içki aldım. Bir kez daha, Laci'nin beni doğru yöne yönlendirdiğini görüyordum. Onun nereyi göstermeye çalıştığını anlamam kırk yılımı almıştı.

Sonraki haftalarda, genel kamuoyu gibi benim de hemen hemen hiç tanımadığım –oysa akademik çevrelerde gayet iyi tanınan– bu Fransız arkeolog ve dilbilimci hakkında bulabildiğim her şeyi okuyup öğrendim. Kendisi matematikçi olmadığı halde, matematiğin tarihi hakkındaki anlayışımızı değiştirmişti. Cœdès müthiş bir karakterdi: Muazzam bir dil ve çeviri yeteneğine sahipti, bağnaz uzmanların yaptıkları hataları düzeltmeyi ve tarihi çok önemseyen bir insandı. Gwalior sıfırından çok daha eski bir sıfır bulmuş, bunu analiz etmiş, bulgularını yayınlamış, böylece sayıların tarihine dair anlayışı düzeltmişti.

Gelgelelim, Cœdès'in bulduğu, Eski Kamboçya'ya ait sıfırın yer aldığı eser kayıptı. Ben şimdi onu yeniden bulmak, görmek ve dünyanın dikkatini tekrar bu konuya çekmek istiyordum. Bilinen ilk sıfır: Çağımızın dijital dünyasının ortaya çıkışını sağlayan, insan aklının büyük keşfinin izi; aynı zamanda bu keşfi ilk yapanın Avrupalılar veya Araplar değil, Doğulular olduğunun kanıtı.

Yeniden yollara düşmeye hazırdım artık; nihayet bir başlangıç noktam vardı. Peki, bugün kayıp sayılan o çok büyük keşfi yapmış âlim George Cœdès kimdi?

GEORGE CŒDÈS 10 AĞUSTOS 1886'DA, Paris'in nezih 16. bölgesinde doğdu. Evi Eyfel Kulesi'nin tam karşısında, Sen nehrinin diğer yakasındaydı ve kule o 3 yaşındayken inşa edilmişti. Cœdès'in babası zengin bir borsacıydı. Dedesi J. Kados ressamdı, Macar Yahudisiydi, yeni bir hayata başlama kararlılığıyla Fransa'ya göçmüştü. Yurdu Macaristan'ı terk ederken, her şeyini, adını bile geride bıraktı; Fransızcaya benzesin diye soyadını Cœdès yaptı. Torunu George, Cœdès'in o'su ile e'si arasındaki bağa ve ikinci e'nin üstündeki *accent grave*'a (pes vurgu işaretine) ömrünce dikkat edecek, soyadının "Sedes" diye telaffuz edildiğini hep vurgulayacaktı.

Paris'te refah içinde büyüyen George, babasının onu teşvik ettiği gibi finans kariyeri yapmakla ilgilenmemiş, onun yerine dil öğrenmeye karar vermişti. Annesi Alsas-Loren bölgesinde, Strazburg'da doğmuştu, yedi göbek Alsas-Lorenli bir Yahudi ailesindendi. Fransa'nın Almanya'yla sınırında yer alan bu bölgede günümüzde de Almanca konuşuluyor. Cœdès de Almancaya aşinaydı ve Almanca okumaya karar verdi. 20 yaşındayken Almancasını ilerletmek için bir yıl boyunca Almanya'da seyahat etti. Sonunda o kadar iyi Almanca konuşmaya başladı ki dönüşte Fransa sınırından geçerken görevliler onun Alman değil Fransız olduğuna inanamadılar. Cœdès Paris'e dönünce dil öğretimi programına kaydoldu; dil öğretmeni olacaktı.

Milli Eğitim'in öğretmenlik sınavını kolaylıkla geçti ve Mayıs 1908'de, Fransa'daki ortaöğrenim kurumlarında Almanca öğretme belgesini aldı. Gelgelelim, 20. yüzyıl başında Fransa'da, yabancı kökenli bir Yahudi için hayat pek kolay sayılmazdı. Meşhur Dreyfus davasında* toplum kutuplaşmış, hem seçkin çevrelerde hem de bürokrasi içinde Yahudi düşmanlığı yeniden güçlenmiş, ülke bu olayın sar-

* Fransız ordusunda topçu yüzbaşı olarak görev yapan Alsaslı Fransız Yahudisi Alfred Dreyfus, Aralık 1894'te askerî bilgileri Almanya'ya sızdırmakla suçlanarak, vatana ihanetten ömür boyu hapis cezasına çarptırıldı ve Şeytan Adası'na sürüldü. Yargılama gizli yapılmıştı, Dreyfus aleyhinde güçlü kanıtlar yoktu; fakat Yahudi aleyhtarı basının da etkisiyle, Dreyfus karşıtlığı ve Yahudi düşmanlığı körüklendi. Dreyfus ailesinin çabaları ve aydın çevrelerin konuyu sahiplenmesiyle olay araştırıldı ve söz konusu suçun başka bir Fransız subay tarafından işlendiği ortaya çıktı; ancak ordu sahte belgelerle yine Dreyfus aleyhinde suçlar üretti. Émile Zola tarafından yazılan ve Dreyfus'u savunan mektubun ve kamuoyu baskısının da ektisiyle, Dreyfus yeniden yargılandı; hakkındaki tüm suçlamaların asılsız olduğu 1906 yılında kanıtlanarak ordudaki görevine iade edildi. Bu süreç boyunca toplum, ordu yanlısı, Yahudi karşıtı ve daha dindar Katolik kesim ile cumhuriyet yanlısı, ruhban sınıfına karşı kesim olarak ikiye bölündü, radikalleşti; Yahudilere çeşitli saldırılar yapıldı. Kaynak: http://www.wikiwand.com/en/Dreyfus_affair, erişim tarihi Nisan 2019 —*çev. notu.*

sıntısını henüz atlatamamıştı. Fransa'da pek çok okul, iki dil bilen bu genç ve parlak öğretmeni işe almak istemedi. Tek bir hedefi olan, kararlı George ise vazgeçmedi ve birçok okula başvurduktan sonra, nihayet Paris'teki Condorcet Lisesi'nde Almanca öğretmenliğine kabul edildi. Lisede yabancı dil öğretmeni olarak kariyeri böylece başladı. Fakat pek yakında olaylar onu başka bir yola sürükleyecekti.

Cœdès lisede öğretmenlik yapmaya başladıktan kısa süre sonra, ülkesine hizmet etmeye çağrıldı. Askerlik celbi 1908'de geldiği için bir bakıma şanslı sayılırdı; aslında Birinci Dünya Savaşı'na çok az kalmıştı, ama zaman sulh zamanıydı. Fakat Fransız ordusu o zaman da onlarca yıldır olduğu gibi Yahudi düşmanlığının güçlü olduğu bir yerdi; bu da genç subayın hayatını zorlaştırıyordu. İzin günlerinde, ona çok düşkün olan anne-babasını ve en sevdikleri öğretmenlerinden mahrum kalan öğrencilerinin bulunduğu okulu ziyarete gidiyordu.

Bir gün Louvre Müzesi'ne gitti. Müzeyi gören herkes, burada sergilenen resimlerin, heykellerin ve diğer eserlerin güzelliğine ve çokluğuna hayran kalır. 1909 yılında baharın yeni yeni sökün ettiği bir günde Louvre Müzesi'ne giden 23 yaşındaki George Cœdès, Yakın Doğu Antik Eserleri Koleksiyonu'nun sergilendiği kısma gitti. Fırtına Tanrısını tasvir eden Babil taşının önünde kalakaldı. Esere dair açıklamayı inceledi ve dikkatle karşılaştırdığında, taş eserin üstündeki işaretler ile yandaki Fransızca açıklama metni arasında bazı bağlantılar kurabildiğini hayretle fark etti. Hatta simgelerden bazılarının anlamlarını bile çözebiliyordu.

Az önce yapabildiği şey karşısında şaşakalan Cœdès, ender bir yeteneğe sahip olduğunu böylece anladı. Harfleri ve simgeleri binlerce yıl önce taşın üstüne kazınmış antik dilleri biraz çabayla anlayabiliyordu. Güneydoğu Asya Koleksiyonu'nun sergilendiği salona geldi ve bu işe tutuldu. Ömrünü bu eski yazıları çözmekle geçirmek istiyordu artık.

Fransa'nın Güneydoğu Asya'da, Çinhindi dedikleri bölgedeki sömürgeci faaliyetleri dolayısıyla, müze koleksiyonlarında Kamboçya'dan, Vietnam'dan, Tayland ve Laos'tan gelmiş çok sayıda sanat eseri ve belge vardı. Cœdès, askerliği bitene kadar birkaç ay boyunca, serbest kaldığı her dakikayı Paris'teki müzelerde geçirdi. Defter-kalem kuşanıp, onu en çok etkileyen dilde, Antik Kamboçya'nın Eski Kmer dilinde yazılmış yazıları kopya ediyordu. 6 ay içinde bu dilde epeyce yetkinlik kazandı. Tezkeresini alır almaz, Paris'teki École Pratique des Hautes Études'e (Uygulamalı İleri Araştırmalar Okulu) yazıldı; en önemli Hint dili Sanskritin yanında Eski Kmerce üstüne çalışacaktı.

O yıl ilk akademik makalesini yayımladı. Üstünde hem Sanskrit hem Eski Kmer dilinde yazılar bulunan, 3. yüzyıldan kalma bir Kamboç stelinin dilbilimsel analizini içeren makalesi çok başarılıydı. Makale, Fransa'nın sömürgesi olan Vietnam'da, Hanoi'de yayına hazırlanan ve Fransızların Çinhindi'nin çeşitli yerlerinde kurduğu eğitim ve araştırma enstitülerinin adını taşıyan saygın *Bulletin de l'École Française d'Extrême-Orient* [Fransız Uzak Doğu Okulu Bülteni] dergisinde yayımlandı.

Cœdès, 1911 yazında Uygulamalı İleri Araştırmalar Okulu'ndan doktorasını aldı; ardından da ilk iş teklifi geldi. İlk makalesini yayımlamış olan Fransız Uzakdoğu Okulu, Hanoi'de araştırmacı olarak çalışmasını teklif ediyordu. Cœdès hemen Çinhindi'ne doğru yola çıktı.

Gençliğinden itibaren hep dikkatli, gözü yüksekte, kararlı bir biliminsanıydı Cœdès. Bir konuyu incelediği zaman bu işi derinlemesine ve tam olarak yapar, masasında antik belgelerin (yazmaların kopyalarının, taş eserlerle stellerin üstüne kâğıt konarak kurşun kalemle alınmış yüzey doku resimlerinin) başında saatlerce, onları tamamen anlayana kadar otururdu. İnce yapılı, gözlüklü, soluk yüzlü bu adam doğuştan kitap kurduydu sanki.

Cœdès, makalelerini okuduğu İngiliz uzman G. R. Kaye'in sevimsiz bir iş peşinde olduğunu biliyordu. Kaye, Hindistan'ı kesinlikle hakir görüyordu; oysa bu ülke ona kapılarını açmış, hatta Bakhşali yazmasını inceleyen ilk uzman olmasına izin vermişti. Lakin Kaye, Hindistan antik dönemine ait bilgisini, Hindistan'ın matematik alanındaki keşifler konusunda Batı'yı takip ettiğini savunmakta kullanıyordu. Hindistan'da Eski Yunan parası bulunmasını bile (bu, Hindistan'ın Yunanistan'la ticaret ilişkisi olduğunun kanıtıdır), keşiflerde Avrupa'nın önde gittiği iddialarını desteklemek için kullanan Kaye'in onlarca yıldır en büyük derdi, dokuz rakamla sıfırın Hindistan'da bulunduğu fikrine karşı çıkmaktı.

Kaye, 9. yüzyıldan öncesine ait, üstünde sıfır bulunan, kesinlikle tarihlenmiş ve tarihlenebilir eser olmadığına göre, rakamlarımızın Hindistan'a Yunanistan'dan ya da Avrupa'nın başka yerlerinden, en olmadı Arabistan'dan gitmiş olduğu yargısında ısrarcıydı. Bakhşali yazmasını inceleyen ilk araştırmacı olması ona akademik itibar kazandırmıştı, o da bunu, Hindistan'ı çok iyi tanıdığı ve Hintlilerin sayı sistemi tasarlama konusunda Batılılardan erken davranmış olamayacağı konusunda diğer uzmanları ikna etmek için saldırganca kullanmıştı. Son derece taraf-gir, Doğu karşıtı İngiliz akademik çevrelerinde kendine pek çok yandaş bulan Kaye'in görüşleri kabul görmüştü. Fakat Cœdès onun haksız olduğunu kanıtlamaya kararlıydı.

10

CŒDÈS BİN YILDAN UZUN SÜRE ÖNCE Güneydoğu Asya'da gelişen uygarlıklara "Hintleşmiş" uygarlıklar diyordu. Bu ifadeyi kullanmasının sebebi, söz konusu uygarlıklarda halkın Hinduizme ve Budizme inanması, Hint toplumsal geleneklerini uygulayıp, Hint kültürel değerlerini taşıması ve yerel dillerin yanında Sanskriti kullanmasıydı. Hindistan'ın Angkor, Çampa ve bölgenin diğer hanedanları üstündeki kuvvetli etkisine dikkat çeken Cœdès'e göre, bu medeniyetler fiilen Hindistan'ın kültürel uzantılarıydı.

Cœdès, milattan sonraki ilk yüzyıllarda Hintleşmiş medeniyetlerin serpilip geliştiği eski Kamboçya ve Endonezya'da bulunan rakamlar üzerine çalışarak, bu medeniyetlerin günümüzdekine benzer rakamları, ortaçağın sonunda Batı'da ortaya çıkmalarından daha önce kullanmaya başladığı yönündeki teorisini destekleyen kanıtlara ulaştı. Rakamlar, Cœdès'in incelediği, 8. ve 9. yüzyıldan kalma pek çok yazıtta mevcuttu; tıpkı Hindistan'da bulunan benzerleri gibi. Fakat Hindistan'daki araştırmalarda, o rakamların en önemlisi de tespit edilmişti: Gwalior'da bulunan sıfırdı bu. Cœdès, Hintleşmiş medeniyetlere ait bunca taş yazıtın bulunduğu harabelerde belki de Gwalior'dan daha eski bir sıfır bulabileceğini düşünüyordu. O arada vaktinin çoğunu, bin yıl önce Kamboçya'nın batı kısmında yeşeren muhteşem kültür üstüne çalışarak geçiriyordu. Bu da, efsanevi Angkor uygarlığıydı.

Angkor Wat, dünyanın gelmiş geçmiş en büyük tapınağı, dinî binasıdır; şimdiye kadar yapılmış *bütün* katedrallerden, *bütün* bazilikalardan daha büyüktür. Devasa, güzel ve mimari açıdan benzersiz bu Hindu tapınağı, 11. yüzyılda (Paris'te Notre Dame Kilisesi'nin tamamlanmasıyla yaklaşık aynı zamanlarda) Batı Kamboçya'da Siem Reap ("muzaffer Siyam") kenti yakınında yapılmış. Angkor Wat, Doğu'nun tüm diğer tapınaklarının aksine, doğuya değil batıya bakar. Uzmanların onlarca yıldır tam olarak anlamlandıramadığı bu durumun bir açıklaması, tapınağın Vişnu'ya, yani Hinduizmin batı tanrısına adanmış olmasıdır. 9. yüzyılda Angkor'un, yani Kmer İmparatorluğu'na ait bu büyük tapınağı yapan kentin kurulması Güneydoğu Asya tarihinde bir dönüm noktası sayıldığı için, tarihçiler Kamboçya'nın tarihini bu olaya göre yazıyorlar:

Angkor öncesi: 1.-8. yüzyıl
Angkor: 9.-13. yüzyıl.
Angkor sonrası: 14.-21. yüzyıl.

Güçlü Angkor medeniyetinin beşiği olan alan, antik dönemde çeşitli bölgelere bölünmüştü; bunların hepsi bağımsız veya yarı bağımsız birer krallıktı. Bu dönemde Güneydoğu Asya'daki krallıklar Çenla, yani bugünkü Myanmar (Birmanya); aşağı yukarı bugünkü Vietnam'a denk gelen Çampa ve 9. yüzyıla ait Çin kayıtlarında Fu-Nan diye geçen (başka kaynakların da "Su Çenla'sı" dediği) Kamboçya'ydı.

Hindistan'daki Khajuraho gibi Angkor Wat'ın da Kmer İmparatorluğu'nun çöküşüyle beraber ormanların arasında kaybolup gittiği, sonra da 19. yüzyılda Fransız kâşiflerce yeniden bulunduğu rivayet ediliyor. Yani, Batı'da Angkor hakkında anlatılan hikâye bu. 1846'da Fransız misyoner Peder Charles Emile Bouillevaux, muhteşem efsanevi kayıp kent Angkor'u ve tapınağı Angkor Wat'ı yeniden keşfetti. 5 sene sonra Fransız Henri Mouhot bölgeyi ziyaret etti ve buralardaki Kmer kalıntıları hakkında ayrıntılı gözlemlerde bulundu.

Angkor Wat'ta cinselliği açıkça sergileyen imgeler yok, ama bu tapınak da, *Apsara* denen yarıtanrıça veya perilerin baştan çıkarıcı, yarı çıplak binlerce figürüyle süslü. Burada ve Kamboçya'nın başka yerlerindeki yazıtlarda, gerek tarih ve kurban edilecek hayvan sayısını, gerekse uzunluk, genişlik ve yükseklik ölçülerini gösteren bolca sayısal bilgi var. Eski Güneydoğu Asya tapınakları da seks ve matematik simgeleriyle dolu gibi görünüyor.

George Cœdès, Angkor hakkındaki araştırmalarına dayanarak, Angkor Wat hakkında en açıklayıcı kitabı yazdı. Basitçe *Angkor* adını taşıyan bu kitap bugün dahi, eski Kamboçya'nın kayıp medeniyeti hakkında açık ara en kapsamlı eserdir. Cœdès, Angkor Wat'ı bin yıl önce Güney Hindistan'da doğan Dravid mimari üslubunun zirvesi olarak tarif eder. Tapınağın, Hindu tanrılarının efsanevi yurdu olan Meru dağını temsil ettiği, dolayısıyla ilahi meskenin dünyadaki temsili olduğu söylenir.

Cœdès, dilbilimcilerin Eski Kmerceyi Tay dilinden daha eski, bin yıllık bir dil diye tanımladıklarını öğrenmişti. Güneydoğu Asya'nın yerel kültürleri ileri kültürlerdi ve milattan sonraki ilk yüzyıllarda Hint medeniyetiyle temas etmelerinden en az 1500 yıl önce bronz yapmayı biliyorlardı. Fikirler ve uygulamalar üstündeki Hint ve Çin etkileri MS 2. ve 3. yüzyıllarda burada görülmeye başlayıp, ardından tüm bölgeye yayılmıştı. Cœdès, o döneme ait Çin kayıtlarında, Mekong nehrinin alt kısımlarındaki Fu-Nan'dan ve Mekong nehri havzasının iç kesimlerindeki Çenla'dan bahsedildiğini de öğrendi. Bu referans aslında, bölgede gelişen uygarlık hakkında arkeolojik olmayan tek tarihsel referanstır.

8. yüzyılda Kamboçya iç çekişmelerle sarsıldı; fakat bir asır sonra, en büyük Kmer krallarından sayılan Kral II. Jayavarman Kamboçya'yı yeniden birleştirdi ve bugün Angkor Devri dediğimiz çağı başlattı. Sonraki dört asır boyunca Kamboçya'nın Angkor medeniyeti Laos ve Tayland'ın bazı kesimlerini ve Vietnam'ın güneyini sıklıkla işgal etti.[1] Hızla kuvvet ve nüfuz kazanarak Güneydoğu Asya'nın önde gelen gücü oldu.

1 Günümüze ait iyi bir kaynak, Pich Keo'nun *Khmer Art in Stone* kitabıdır (5. basım, Punom Pen: National Museum of Cambodia [Kamboçya Ulusal Müzesi], 2004).

Cœdès, zaman içinde, antik Kmer tapınaklarında bulduğu yazıtlarındaki sayısal bilgilere odaklanırken, bir araştırma hedefi geliştirdi: Gwalior'dakinden daha eski bir sıfır rakamı bulmak. Bunu başarırsa Kaye'in teorilerini çürütebilecek ve artık kesin saydığı üzere, sayı sistemimizin Hindistan'da veya Angkor ya da ondan önceki medeniyet gibi Hintleşmiş medeniyetlerden birinde doğduğunu ispatlayabilecekti. Fakat öyle bir yazı bulamadı. Yine de, Kamboçya'nın antik stellerinden yüzlercesinin yerini saptadı ve üzerlerindeki yazıları tercüme etti. Derken, 1929 yılında, sayılar tarihinin en harika buluntusuna rast geldi.

Punom Pen'in 300 kilometre kadar kuzeydoğusunda bir yerde, Mekong nehrinin kenarında, her noktasında güçlü akan nehrin kıyısındaki bir ormanlık alanda, 6. yüzyıldan kalma bir grup tapınak var. Tapınaklar bugün harap halde, ama burada bulunan, lentolarda ve kapı çevrelerinde küçük frizlerle ve geometrik tasarımlarla yapılmış kabartma süslemelerde örnekleri görülen sanat eserleri benzersiz "Mekong kıyısındaki Sambor" sanat üslubu olarak ele alınıyor. Bir Sambor daha var; Punom Pen'in kuzeybatısında, Siem Reap yolunun üçte iki mesafesinde, Sambor Prei Kuk adındaki bu daha büyük yerde de kendine özgü bir mimari tarzı ve sanat üslubu görülüyor. Yine 7. yüzyıla tarihlenen Sambor Prei Kuk da Angkor öncesi döneme ait.

Adhémard Leclère adlı Fransız arkeolog, 1891 yılında, Mekong kıyısındaki Sambor'da Trapang Prei tapınağı harabelerinde çalışırken, Eski Kmerce yazılmış iki taş yazıt buldu. Yıllar sonra bu iki yazıtı gören George Cœdès, bunlara K-127 ve K-128 kodlarını verdi. (Cœdès tarafından incelenen, yayımlanan ve kataloglanan pek çok yazıt, K'yla başlayan, ardından da bir sayı gelen kodlarla adlandırılmıştır.)

Cœdès, K-127'yi tercüme etmeye başladı. Yazılar hemen hemen hiç bozulmamıştı. Yazıtın üst parçası kısmen kırılmıştı, ama metin gövdesi rahatlıkla okunacak kadar iyi durumdaydı. Cœdès metni okuduğunda adeta çarpıldı; çünkü karşısındaki şey tam aradığı şeydi. Bu buluntu muazzam önemdeydi: İçinde bir sıfır vardı! Üstelik yazıtın bulunduğu tapınaklar grubu, dilbilim yöntemleriyle çoktan tarihlenmişti: Bu yapılar MS 7. yüzyıla, yani Angkor İmparatorluğu'nun zirvede olduğu dönemden beş asır, Gwalior sıfırından 200 yıl önceye aitti. K-127, en iyi korunmuş tapınak olan Trapang Prei'nin içinden alınmıştı. Fakat Cœdès'in K-127'yi tarihlendirmek için dilbilimsel analize ihtiyacı yoktu; çünkü yazıtın tarihi zaten üstündeydi:

saka parigraha 605 pankami roc...

Tercümesi:

Saka dönemi, küçülen ayın beşinci gününde 605. yıla vardı...

Cœdès, Saka'nın bir hanedan olduğunu ve ilk kralının MS 78'de hükmetmeye başladığını gayet iyi biliyordu. Yazıttaki tarihi bizim şimdiki takvimimize uyarlayınca, MS 683'e ulaşıyoruz (605 + 78 = MS 683). Yazı ve rakamlar Eski Kmerceydi. Cœdès bu dili o kadar iyi biliyordu ki birkaç dakikada tercüme ediverdi. Yazıdaki sıfır (onun bildiği kadarıyla, tarihin en eski sıfırıydı bu) apaçık ortadaydı ve Hint sıfırlarından çok az farklıydı: Bu sıfır daire değil, noktaydı. MS 683 yılı Gwalior sıfırından iki asır önceye denk geliyordu; yani Cœdès aradığı kanıtı bulmuştu.

Cœdès bu keşifle çok heyecanlandı. Keşfi sonunda sayıların tarihine dair bildiklerimizi değiştirecekti. 1931'de yayımladığı makale hâlâ, sayıların kökeni hakkında yazılmış en çığır açıcı makale kabul ediliyor. "A propos de l'origine des chiffres arabes" [Arap Rakamlarının Kökeni Üstüne] adlı makale, 1931 yılında *Bulletin of the School of Oriental Studies*'de yayımlandı.[2] Bu makale, Hint-Arap rakamları denen rakamların ortaya çıkışına dair algıyı bütünüyle değiştirdi.

2 George Cœdes, "A propos de l'origine des chiffres arabes," *Bulletin of the School of Oriental Studies* (Londra Üniversitesi) 6, no. 2 (1931).

Cœdès şöyle diyordu: "M. G. R. Kaye ısrarla 'MS 9. yüzyılı, basamak değerli modern gösterim sisteminin Hindistan'da kullanılmış olabileceği en erken tarih olarak belirlemek zorundayız,' demiştir."[3] Buradan, Kaye'in tüm hipotezini yıkarak devam ediyordu. Sambor buluntusunun bu anlayışı nasıl değiştirdiğini ortaya koyuyordu: Bu ilk sıfır iki asır önce görülmüştü; hem de, Hindistan'da olmasa da, Kamboçya'da, Hintleşmiş bir medeniyette yazılmış bir sıfırdı bu.

Cœdès'in makalesi yayımlanmadan önce Kaye'e bu bilgi aktarıldığında, Kaye keşfin önemini inkâr etmeye çalıştı. Sadece tek bir örnek bulunduğunu, dolayısıyla doğruluğunun şüpheli olduğunu söyledi. Ama Cœdès'in makalesinde sunacağı ek kanıtlar hazırdı.

ENDONEZYA'NIN GÜNEY SUMATRA bölgesindeki Palembang'da bir başka müthiş keşif yapılmıştı. 29 Kasım 1920'de, Prasasti Kedukan kentinin dışında bir tepede bulunan kabaca yontulmuş yuvarlağımsı bir taşın üstünde şöyle yazıyordu: "Tebrikler. Geçmişte saka 604 yılında, on birinci günde, yarım ay ışığında... ürünün gemi alımı artıp 20.000... 320'si Mukha Upan'a gelir..."[4]

Buradaydı işte: Kamboçya'dakinden 1 yıl daha yeni bir sıfır (1 yıl daha eski değil, *yeni*, çünkü Kamboçya ve Endonezya'da Saka dönemleri arasında 2 yıl var). Bildiğimiz ikinci en eski sıfırın bulunduğu bu taş yazıt halen Palembang'daki müzede sergileniyor. Bir zamanlar Sumatra ve çevresindeki adalarda gelişmiş, yine Hintleşmiş bir uygarlık tarafından çizilmiş bu sıfır. Ama bu uygarlık daha sonra ardında pek az iz, anakarada ve Kamboçya'daki benzer kültürlerinkinden bile daha az iz bırakarak yitip gitmiş.

Sumatra'daki bu buluntu Hintleşmiş sıfırın tarihini teyit ederek, Kaye'e ve takipçilerine karşı Cœdès'in eline

3 *A.g.e.*
4 *A.g.e.*, s. 328.

kesin bir kanıt daha veriyordu.

Cœdès'in keşiflerinin hikâyesi aklımı başımdan aldı. Ama sıfırın Doğu icadı olduğunu ortaya koyan ilk kanıtın şimdi kayıp olduğunu biliyordum. Acaba onu yeniden bulabilir miydim?

11

İKİ MİLYONA YAKIN KAMBOÇYALIYI katleden Kızıl Kmerlerin en az 10 bin arkeolojik eseri yağmaladığını ve yok ettiğini biliyordum. Kamboçya'da 1960'ların sonunda başlayıp 1970'ler boyunca ve ondan sonra da devam eden süreç, İkinci Dünya Savaşı'nda Avrupa'da Naziler tarafından yapılanlarla ve Kültür Devrimi sırasında Çin'de yaşananlarla benzer ağırlıktadır. 1968 yılında Kamboçya'da Kuzey Vietnam'ın etkisiyle kurulan komünist idare, Kızıl Kmerlerce yürütülüyordu.

Pol Pot başkanlığındaki Kamboçya Komünist Hükümetinin liderleri, ülkeye aydınlarını kaybettiren ve ülke çapında –Mao'nun Çin için düşlediğine benzer– bir tarım devrimi getirecek bir toplum mühendisliği programını uygulamaya koymaya çalıştılar. Ancak, uyguladıkları yöntem, aynı yıllarda Komünist Çin'de uygulanandan çok daha vahşiydi. Nazilerle benzerlik işte burada ortaya çıktı: Kızıl Kmerler, güçlerinin zirvesinde oldukları 1974-1979 döneminde kendi vatandaşlarını, binlerce Kamboçyalıyı işkenceden geçirdi, ülke nüfusunun dörtte birini öldürdü. 7,3 milyon nüfuslu Kamboçya'da, 1 milyon 700 bin ila 2 milyon insanın Ölüm Tarlaları'nda katledildiği tahmin ediliyor. Kamboçya toplumu bugün dahi, yıllar önce ülkenin bütün vatandaşlarına yaşatılan bu büyük acının yaralarını taşıyor.

Kültüre, sanata, bilime ve her tür entelektüel çabaya karşı olan Kızıl Kmerler, Kamboçya'nın kültür tarihinin çok büyük bölümünü kasten yok etti. Bunların arasında arkeolojik eserler, hazine değerinde sanat eserleri ve anıtlar da vardı. Kamboçya'da Kızıl Kmerler'in kasıtlı olarak yüzünü tahrip ettiği veya paramparça ettiği yüzlerce antik heykel bulunuyor.

Bu nedenle, sayı sistemimizin bilinen ilk sıfırının bulunduğu K-127'nin de artık var olmayabileceğini düşünüyordum. Arkeoloji açısından önem taşıyan başka pek çok kalıntı gibi, o da muhtemelen Kızıl Kmerler tarafından yok edilmişti.

Ama şansım çok az olsa bile, bu çok önemli steli bulmaya çalışmakta kararlıydım. İnsan aklının uzak geçmişimizde yaptığı ve muhakkak ki dünyayı değiştirmiş olan bir keşfin bu muazzam önemdeki ikonunu yeniden tüm dünyanın dikkatine sunmak istiyordum. Ayrıca, 20. yüzyıl başlarında tarihi anlama şeklimizde mevcut olan Batı tarafgirliğine karşı kullanılan bu benzersiz arkeolojik eseri yeniden sergilemek lazımdı ki o bağnazlıklar tüm çirkinlikleriyle yeniden baş göstermesinler. Tarihin tekerrür etmemesi için tarihi anlamamız gerek, tarihi hatırlamak içinse bilinen ilk sıfırın kanıtını görmek gerek. Bu kayıp eseri bulmayı yürekten istiyordum.

BİRKAÇ HAFTA BOYUNCA DURMADAN ÇALIŞARAK, New York'taki Alfred P. Sloan Vakfı'na göndermek üzere bir araştırma teklifi yazdım. Bu keşfin bilim tarihi açısından önemini, onun yeniden bulunması ve onu ortaya çıkaran medeniyetle birlikte araştırılması için çabalamak gerektiğini anlattım. Sıfır fikrinin, hem kavram olarak hem de modern sayı sistemimizde basamak değerini bildiren rakam olarak, tarihteki en önemli fikirlerden biri olduğunu vurguladım. Bilinen ilk sıfırın Cœdès tarafından nasıl keşfedildiğini ve incelendiğini; onun, Kamboçya'dan gelen bu çok önemli bulguyu kullanarak sıfırın Doğu'ya ait bir fikir olduğunu ve Batı'ya buradan gittiğini kanıtladığını anlattım. Söz konusu eserin şimdi kayıp olduğunu, onu yeniden bulmanın toplum için büyük değer taşıyacağını, eserin yeniden bulunmasıyla tarihimize dair bütün bu gerçekleri ispat eden somut parçanın yeniden arkeolojinin, biliminsanlarının ve kamuoyunun elinde olacağını belirttim. Vakıf buna ikna oldu ve bana Kamboçya'ya giderek bu işi araştırmamı sağlayacak bir araştırma fonu sundu.

Sloan Vakfı'nın desteğiyle, 2013 yılının ilk günlerinde Kamboçya'ya gittim. Zahmetli bir araştırma işi olacaktı bu; arkeolojinin, matematiğin, sanatın alanlarında dolaşacak, ayrıca uluslararası entrikalarla ve insanların hileleriyle karşı karşıya kalacaktım.

YOLCULUK HAZIRLIKLARIM KAPSAMINDA, Güney ve Güneydoğu Asya dinlerinde, felsefelerinde ve mitolojilerinde sıfır kavramını daha iyi anlamam gerektiğini fark ettim. Kmer kültüründe gördüğümüz gibi, Hindu Tanrısı Vişnu'nun su üstünde durduğu sonsuz okyanus kavramı, suni bir gölün soyutlamasıydı. Angkor'dan önceki bir uygarlığın meydana getirdiği "Baray" denen çok büyük suni göller, bölge mitolojisinde ilksel ve sonsuz bir okyanusu temsil ediyor. Vişnu burada Ananta'nın sırtında uzanarak, Lakşmi onu uyandırana kadar, sonsuz deniz üstünde kozmik uykusunu uyuyor (Dördüncü Bölüm'e bakın). Sonra oğlu Brahma, önceden var olan sonsuzluğun içinden, bizim zaman ve mekândan oluşan dünyamızı yaratıyor.

Aslında bu inanca dair tarihsel kanıtlar da mevcut. 1296'da Angkor'a gelen Çu Ta-kuan (Chou Ta-kuan; Zhu Da-guan diye de yazılır) adında bir Çinli ziyaretçinin yazdıklarının Kmerce tercümesine göre, bir zamanlar Angkor'daki Baray'ın üstünde Vişnu'nun dev bir heykeli dolaşırmış; heykelin göbek deliğinden dışarı akan sular da Brahma'nın doğuşunu temsil ediyormuş.

Fakat işin doğrusu, Çu Ta-kuan'ın yazdıklarında bu heykel Buda heykeli olarak tasvir ediliyor. Angkor uygarlığına dair tek tarihsel anlatım olan bu eşsiz kayıttan bir parçayı aşağıda okuyabilirsiniz. Yazıda anlatılanlar, Angkor'daki arkeolojik bulgularla büyük bir uyum içinde:

> Şehri çevreleyen surun uzunluğu yaklaşık 11 kilometredir. Şehrin, birbirinin eşi beş kapısı, her kapının iki yanında yan kapıları vardır; surların her yanında birer kapı, yalnız doğuya bakan surlarda iki kapı bulunur. Her bir

> kapının üzerinde beşer tane Buda başı mevcuttur, başlar batıya bakar ve ortadaki baş altınla bezelidir. Kapıların ikişer yanında, taşa oyulmuş filler vardır. Surun dışında bir kale hendeği ve bunu aşarak geçitlere ulaşan görkemli köprüler bulunur. Köprülerin her iki yanında taştan elli dört tane iblis vardır ki bunlar tıpkı kumandanların heykelleri gibi kudretli ve korkunç görünürler. Köprü korkulukları taştandır, dokuz başlı yılan şeklinde oyulmuşlardır... Altın kulenin yarım kilometre kadar kuzeyinde, ondan da yüksek bir bakır kule vardır ve buradan manzara çok etkileyicidir. Kulenin altında 10'dan fazla küçük ev vardır. Kuzeye doğru yine yarım kilometre kadar sonra, kralın konağı ve onun uyuduğu bölmeye bitişik bir başka altın kule bulunur... Doğu surlarının beş kilometre kadar ötesinde, çevresi elli kilometreyi bulan doğu gölü vardır. Bunun da üzerinde taştan bir kule ve taştan, küçük evler vardır. Kulenin içinde, uyuyan Buda'nın bronzdan heykeli bulunur, heykelin göbeğinden sürekli sular akar.[1]

Burada tasvir edilen aslında Vişnu heykeli olabilir; eğer öyleyse, Brahma'nın Vişnu'nun karnından fışkırarak doğduğu hikâyesi desteklenmiş olur. Belki de Çu Ta-kuan'ın dediği gibi, yüzen heykel, Buda heykeliydi. Hinduizm ve Budizm Güneydoğu Asya tarihinde adeta bir gelgit halindedir: Yüzlerce yıl içinde, bir din diğerine baskın gelir, sonra iş yine tersine döner.

Bu döneme ve ayrıca Angkor öncesi döneme ait sanat eserlerinde, Hinduların dünyaları yıkan tanrısı Şiva, Nandi diye bir boğanın sırtında görülür. Sambor Prei Kuk'ta, 7. yüzyıla ait, yani Cœdès'in incelediği, ilk sıfırın yer aldığı yazıtla aynı dönemden kalma çok güzel bir Nandi heykeli bulundu. Bu heykel şimdi Punom Pen'deki Kamboçya Ulusal Müzesi'nde sergileniyor.

1 Chou Ta-kuan, "Recollections of the Customs of Cambodia," Fransızcaya çeviren Paul Pelliot, *Bulletin de l'École Française d'Extrême-Orient*, 123, no. 1 (1902): 137-77. İngilizce basımı *The Great Chinese Travelers*, der. Jeannette Mirsky (Chicago: University of Chicago Press, 1974), s. 204-6.

Şiva boğa Nandi'ye binerken, Vişnu da onu her istediği yere götüren efsanevi kuş Garuda'nın sırtında gezer. Hinduizmde cennet ve cehennem fikri de var: Ölenlerin hâkimi Yama, kimin cennete kimin cehenneme gideceğine karar verir. Hinduizmin bu yönü, cennet ve cehennemin büyük önem taşıdığı Hıristiyanlığa benziyor, ama Doğu'da bu gibi kavramlar daha belirsiz ve vurgusuz. Burada başka tanrılar da var: Pek çok insanın ibadet ettiği Devi, ilahi annedir; Ganeşa ise engelleri kaldırdığına inanılan yarı fil, yarı insan tanrıdır. Hintli girişimciler Ganeşa'ya büyük saygı duyarlar. Surya Güneş, Çandra Ay'dır. Güneş ve Ay'ın tanrı olarak görülmesi, Hinduizmden, Budizmden ve Caynacılıktan daha önceye ait olabilecek animist dinleri akla getiriyor.

Bu inançlar, Ra'nın Güneş tanrısı olduğu Eski Mısır dinine ve Güneş'le Ay'ın büyük rol oynadığı Orta Amerika dinlerine de benziyor. Sudan'a kadar bütün Mısır ülkesinde, eski zamanın Yukarı ve Aşağı Mısır bölgelerinde, Güneş tanrısı tanrıların en önemlisiydi. 2011'de Sudan'da Nil nehri üstündeki Meroe adasında, o güne dek bilinmeyen bir tapınak bulundu. Bu tapınağın inşa tarihinin çok geniş bir tahminle MÖ 300 ile MS 350 arasında olduğu düşünülüyor. Tapınak öyle bir şekilde yerleştirilmiş ki güneş ışınları yılda yalnız iki defa tapınağa doğrudan giriyor. Bu nedenle arkeologlar tapınağın Ra'ya adanmış olduğu kanısında.[2]

Şimdi, burada tarih boyunca Hinduizmle yan yana var olmuş Budizme gelelim. Hinduizm gibi Budizm de Hindistan kökenli ve Güneydoğu Asya'da epeyce yaygın. Önemli ve etkili bir başka Kmer hükümdarı olan büyük Angkor Kralı VII. Jayavarman (y. 1125-1218), Mahayana Budizmine inanıyor ve acıları dindirip hastaları iyileştiren şefkatli Buda'ya inancını daima ifade ediyordu. VII. Jayavarman yan rollerde Hindu tanrılarının varlığını tanırken,

2 Ismail Kushkush, "A Trove of Relics in War-Torn Land," *International Herald Tribune*, 2 Nisan 2013, s. 2.

Buda'yı tanrılar arasında merkeze yerleştiriyordu. O döneme ait Buda tasvirlerinde, Buda'nın üstüne oturduğu yedi başlı kobra yılanı *Naga*'yı sık sık görürüz. Günümüzde Asya'nın büyük bölümünde inanılan Budizm ise Theravada Budizmidir. Budizm acının azaltılmasıyla, meditasyonla ve aydınlanmayla, yani Nirvana'ya ulaşmakla ilgilenir. Burada tanrı yoktur; Buda, ona inananlar için bir yaşam biçiminin örneğidir. Ve elbette, daha önce de söylediğim gibi, Budizmde önemli bir fikir de Sunyata, yani boşluktur ve matematikteki sıfır fikri pekâlâ bundan gelmiş olabilir.

Doğu'da, Hindistan'da ve Asya'nın başka yerlerinde halen inanılan üçüncü bir din de Caynacılık. Ruh göçünün büyük önem taşıdığı Caynacılığa inananlar çok katı bir yaşam biçimine sahip. Ölmüş bir kişinin ruhu şu anda yaşayan herhangi bir varlıkta bulunabilir; dolayısıyla Caynacılar hiçbir eti yemezler ve en küçük böceği incitmemek, hiçbir canlı varlığı öldürmemek için ellerinden geleni yaparlar. Caynacılar, tarihlerinin erken dönemlerinden itibaren matematikle çok ilgilenmişler (keza Budistler de öyle: Buda'nın kendisi de matematikçiymiş) ve özellikle çok büyük sayılarla uğraşmışlar. Üslü sayı kavramını anlamış, üslü sayıların çok hızlı arttığını fark etmişler (Bugün İngilizcede üslü sayıların artışını anlatan kelime [*exponential*] ile katlanarak, çok hızla artan şeyler için kullanılan kelime aynıdır). Dolayısıyla 10'un çok büyük üsleri, mesela 10^{60}, Caynacı düşünürlerin çok eski zamanlardan beri meşgul olduğu bir konu; *Bhagwati Sutra*'da da gördüğümüz gibi, Caynacılar en azından MÖ 4. yüzyıldan beri bu işlemler üstüne düşünmüşler.[3]

Bu üç din, Batı'ya varması çok daha geç dönemleri, ortaçağın sonlarını bulan kavramlar sunuyor. Bu kavramlar, sıfır, sonsuz, bir de sonlu ama çok büyük sayılardır.

3 C. K. Raju, "Probability in India," *Philosophy of Statistics* içinde, der. Dov Gab-bay, Paul Thagard ve John Woods (San Diego: North Holland, 2011), s. 1176.

Böylece, sayılarla ilgili uç kavramların (sıfırın, sonsuzun ve çok büyük sayıların) özünde Doğu'ya ait fikirler olduğuna kani oldum. Bunların ortaya çıkışı büyük ihtimalle Doğu tarzı bir mantığı, Doğu'ya özgü düşünme yollarını gerektiriyordu. Bugün kullandığımız gelişmiş sayı sisteminin uç noktalarını bize kazandıran, dünyaya farklı açılardan bakan Doğu'ydu. Bu hipotezi destekleyecek başka kanıtlar da buldum.

Nagarjuna'nın yazdıklarına dönüp, bunları daha dikkatli incelerken şu dizeleri okudum:

> Ne kendinden ne bir başkasından,
> Ne her ikisinden,
> Ne de sebepsiz
> Ortaya çıkar bir şey, ne olursa, nerede olursa olsun.[4]

Bu da "doğru, doğru değil, ikisi de, hiçbiri" mantığının, yani Linton'ın *topos*'u kullanarak analiz ettiği katuskotinin ("dört önerme") veya dörtlemin bir çeşitlemesiydi. Fakat Nagarjuna, "Nirvananın İncelemesi"ne şöyle devam ediyordu:

> Eğer bunların hepsi boşluksa
> O zaman ne yükselmek var ne de göçüp gitmek.
> Neyin çekilmesiyle ya da dinmesiyle
> Yükselmesini ister insan nirvananın?
> Eğer bunların hepsi boşluk olmayansa,
> O zaman ne yükselmek var ne de göçüp gitmek.
> Neyin çekilmesiyle ya da dinmesiyle
> Yükselmesini ister insan nirvananın?[5]

Böylece boşluk kavramına, Sunyata'ya geri dönüyoruz. Nagarjuna, tefekkürü boyunca boşlukla ilgili görünüyor; bu onun katuskoti mantığıyla da iç içe geçiyor. Nagarjuna, Sunyata hakkında kapsamlı yazılar yazdı; çünkü bunu

4 Nagarjuna, *The Fundamental Wisdom of the Middle Way* (Oxford, İngiltere: Oxford University Press, 1995), s. 3.

5 *A.g.e.*, s. 73.

tüm Budizmin en temel kavramı olarak görüyordu. Yazılarında katuskoti mantığını Sunyata'yla ilişkilendirdi. Bu iki kavramı iç içe geçirirken amacı okuru mutlak sıfıra yönlendirmek miydi? Budist yazar Thich Nhat Hanh, boşluk fikri konusunda daha açık konuşuyor:

> Serbest kalmanın ilk kapısı boşluk, Sunyatadır
> Boşluk daima bir şeyin boşluğu demektir
> Boşluk var olan ile var olmayan arasındaki Orta Yol'dur
> Varlık ve yokluk kavramlarını aşar gerçeklik
> Gerçek boşluğa "harikulade varlık" denir; çünkü o, varlığı ve yokluğu aşar
> Boşluk'a yoğunlaşmak, hayatla olduğu gibi temas içinde kalmanın yoludur; fakat bu yolu yaşamak gerekir, sadece söylemekle olmaz.[6]

Bu kavramlara yoğunlaştıkça, yukarıdaki alıntıyı şu şekilde bile okuyabileceğimiz fikrine vardım: var olan = 1, var olmayan = – 1, boşluk = 0. Boşluk yokluktan varlığa geçişin kapısıydı; tıpkı sıfırın, sayı doğrusu üstünde birbirinin mükemmel geometrik akisleri olan iki sayı dizisinin, pozitif sayılar ile negatif sayıların arasındaki nakil noktası olması gibi.

Fakat artık o kayıp Doğu sıfırını *bulmam* lazımdı; tabii hâlâ mevcutsa. George Cœdès'in 1931 yılında o çığır açıcı makalesinde bu sıfırı kullanarak Kaye'in savlarını yıktığını biliyordum.[7] Hatta Cœdès makalesinde, yeni keşfedilen bir değil iki sıfırı kanıt olarak sunmuştu: Biri, Endonezya Palembang'da bulunan MS 684 tarihli sıfır, diğeri de, ondan 1 yıl daha eski olan, Mekong kıyısındaki Sambor'da bulunan Kmer tapınağının yazıtındaki sıfır. Makalede Sambor'daki buluntu, K-127 yazıtı diye adlandırılmıştı.

6 Thich Nhat Hanh, *The Heart of the Buddha's Teaching* (New York: Broadway, 1999), s. 146-48.

7 George Cœdès, "A propos de l'origine des chiffres arabes," *Bulletin of the School of Oriental Studies* (Londra Üniversitesi) 6, no. 2 (1931), s. 323-28.

Cœdès'in kurduğu bu K- adlandırması, eseri ararken en önemli rehberim olacaktı.

K-127'nin ve Palembang yazıtının önemi, her iki sıfırın da *Ortadoğu'daki Arap İmparatorluklarından daha eski olması*; böylece sıfırın, Arapların Avrupa'yla yaptığı ticarette iletilen herhangi bir bilgi içinde gelmiş olma ihtimali ortadan kalkıyor. Avrupa'da bu iki kalıntıdakilerden daha eski tarihli bir sıfır olmadığına göre, sıfırın Batı'da mı Doğu'da mı bulunduğu konusundaki tartışma kapanmış oluyordu. Üstelik bu iki eski sıfır Hindistan'dan da daha doğuda bulunmuş, bu da sıfırın Avrupa'dan veya Arabistan'dan buralara gelmiş olma ihtimalini büsbütün azaltmıştı. Sıfır bir şekilde Batı'dan Doğu'ya gelmiş olsa, Hindistan'da daha eskilere ait hiç sıfır bulunamazken, Gwalior'daki sıfırdan iki asır önceye ait *iki sıfır birden* nasıl olur da binlerce kilometre daha doğuda bulunurdu? Kayıp K-127'yi bulmam lazımdı.

Fakat eserin kendisinin nerede olabileceğine dair hiçbir bilgiye ulaşamadım. Cœdès'in makalesinde Kmer rakamlarıyla yazılmış 605'in kurşun kalem sürtülerek alınmış yüzey kopyası vardı ve sıfır burada bir nokta olarak görünüyordu, ama bilindiği kadarıyla eserin hiç fotoğrafı yoktu. 1990'da Kızıl Kmerler'in vahşeti hortladığında, 1970'lerde yok edilen 10 bin eserin üstüne daha niceleri yağmalandığı için, sahadaki uzmanlar K-127'nin de kaybolduğunu farz ediyorlardı. Onu bulup, insanlığın en dâhiyane buluşlarından birinin kanıtı olan bu abidevi parçayı canlandırma ihtimalim var mıydı?

Tek bildiğim, Trapang Pei tabletinin, yani K-127'nin 1930'larda Kamboçya Ulusal Müzesi'ne kaldırıldığı ve ondan sonra pek ilgi görmediğiydi. George Cœdès'in ölümünden 6 yıl sonra, 1975'te Pol Pot ve Kızıl Kmerler Kamboçya'ya hâkim olmuş, ülkenin müzelerini, tarihî eserlerin muhafaza edildiği depoları çöplüğe çevirmişlerdi. Birçok şey ya tamamen kaybolup gitmişti ya da başına ne geldiği bilinmiyordu. Kayıp yazıtı bulmak üzere Kamboçya'ya doğru yola çıktım.

12

BOSTON'DAN KAMBOÇYA'YA GİDERKEN, kızkardeşimi görmek için İsrail'e uğradım. 6 yıldır kanser olan ve Batı tipi hiçbir tedaviyi kabul etmeyen Ilana çok iyi görünüyordu ve gayet iyi hissettiğini söylüyordu. Bu adeta bir lütuftu; bunu öğrenince müthiş rahatladım. Ilana'nın iyi haberi, bana Doğu ile Batı arasındaki farkı bir kez daha, bu kez başka bir açıdan düşündürdü.

Batı tıbbı kanserle agresif bir şekilde mücadele edilmesi gerektiğini savunuyor, bunun için de esas olarak zehirli kimyasallar ve yoğun iyonlaştırıcı radyasyon kullanıyor; bunların ikisi de kanserli hücrelerin yanında normal hücreleri de öldüren, vücudun bağışıklık sistemini zayıflatan yöntemler. Sağlığa ve hastalığa yaklaşımı daha yumuşak ve daha bütüncül olan Doğu mantığıysa, Batı'daki gibi mutlaka sağlam bilimsel kanıt ve istatistiklere dayanmaksızın, kansere karşı ilaçlar, bitkisel tedaviler ve daha doğal yöntemler öneriyor. Doğu yöntemleri, en azından kardeşim için işe yarıyor anlaşılan. Ilana'nın yaklaşımını mantıksız bulduğum zamanları düşündüm; onun nasıl bu kadar mantıksız düşünebildiğini anlamak için gidip bir mantık kitabı aldığımı hatırladım. Şimdi nihayet, onun da bir mantığı olduğu sonucuna varıyordum. Bu mantık Batı tipi, doğrusal mantık değildi, o kadar. Hem de duruma bakılırsa, onun mantığı galip geliyordu.

Gezmeye çıktığımız bir akşamüstü, Hayfa şehir merkezine, yıllar boyunca babamın her eve dönüşünde gemisini demirlediği limana bakmaya gittik. Limana açılan kocaman gümrük kapısı artık yerinde yoktu. "Eskiden burada ne vardı, hatırlıyor musun?" diye sordu Ilana. Hatırladığımı ve kapının burada olmadığına şaşırdığımı söyledim. Limanın yeni kapısı, o kadar işlek olmayan başka bir yere taşınmıştı, eski gümrük kapısı ise yerle bir edilmişti.

Limanın eski kapısına doğru giden ana caddeden yürüdük. Hep dayanılmaz sıcak ve tıklım tıkış olan o ahşap binada didik didik gümrük aramasından geçen onca yolcunun çıkıp gittiği kapı bir zamanlar buradaydı. Köşeden dönünce kardeşim çakma iPad'ler, iPhone'lar ve bunların aksesuarlarını satan büyük bir elektronik mağazası gösterdi. "Hatırlarsan o zamanlar stereo kasetler ve transistörlü radyolar satarlardı, o devrin elektroniği işte," dedi. Evet, hatırlıyordum. "O da bütün kaçak mallarını burada satıyordu, biliyorsun," diye devam etti Ilana. "Kim?" dedim. "Kim olacak, Laci," dedi, bu adı ancak Macar kökenli birinin söyleyebileceği şekilde telaffuz ederek.

"Laci kaçakçı mıydı?" dedim, inanamayarak.

"Aa, bilmiyor muydun? Onca zaman neden babamın yanından ayrılmadı sanıyordun? Sevgisinden, sadakatinden olacak değildi ya: Hep para içindi."

Kardeşim, babam sefere çıkmayı bıraktıktan çok sonra bile, denizcilikle ilgili şeylere yakınlık duydu. Eskiden babamın çalıştığı gemicilik şirketi Zim Denizcilik'te çalıştı. "Kaptanın valizleri asla açılmaz," dedi, "kaptana saygı gereği böyledir, hatırlarsın. İşte Laci de, kaptanın kamarotu olarak, o valizleri gümrükten geçiren kişiydi. Babam gemide yalnızsa, küçük bir çanta ona yetiyordu, daha fazlasını taşımasına gerek yoktu; çünkü üniformaları her zaman gemide dururdu, sivil kıyafetlerinin çoğu da evdeydi zaten; hem babam pek alışveriş de yapmazdı. Fakat biz de babamla berabersek birkaç tane büyük bavulu olurdu; Laci de genellikle annemin en büyük bavuluna bir şeyler saklar, bizim bütün bavullarımızı gümrükten geçirirdi. Gümrükte o bavullar asla açılmaz, kontrol edilmezdi. Sonra Laci bu dükkânın hemen arkasındaki sokakta bavulu açıp sakladığı şeyleri çıkarır ve onları içeride satardı. Bu iş yıllarca böyle gitti."

"Annemin bundan hiç haberi oldu mu peki?" diye sorarken, hâlâ bu aydınlanmanın şaşkınlığını duyuyordum.

"Biz küçükken çok güzel İtalyan Radiomarelli hoparlörlerimiz vardı hani, hatırlıyor musun? Onlar nereden çıkmıştı sence?" Hiçbir fikrim olmadığını söyledim. "Senin güvenilir matematik hocan Laci bir keresinde hesap hatası yaptı: Her zaman gelip bizi dağdaki eve götüren taksinin o seyahatte erken geleceği tutmuştu; o yüzden valizler taksiye hemen yerleştirildi. Laci kaçak mallarını valizden çıkarmaya vakit bulamadı."

"Müthiş," dedim. Ilana devam etti: "Tabii, Laci hoparlörlerini asla geri istemedi, isteyemezdi elbette. Annem de herhalde, bavulunun bunca yıldır yasa dışı kullanılmış olmasının bedeli olarak gördü bunu. Babam o hoparlörlerden hiç müzik dinlemedi. Burnunun dibinde ne olup bittiğinden haberi yoktu, ama hoparlörler için para ödemediğimizi anlamıştı. Laci çuvalla para kazandı, sonra Avrupa'ya döndü. Eğer yaşıyorsa, oralarda bir yerlerdir herhalde."

Bu haberi hazmetmem zordu. Kendimi kandırılmış hissettim. Matematikçi olarak o kadar hayranlık duyduğum, bana bunca şey öğretmiş, sayı sevgisini aşılamış olan adam, aslında kaçakçı mıydı yani? Kulaklarıma inanamıyordum. Ama kardeşimin söylediklerinin doğru olduğundan emindim; gemideki hayatımızın her ayrıntısını müthiş bir kesinlikle hatırlardı, benim çoktan geride bıraktığım çocukluğumuzu o her gün yeniden yaşıyordu belki de. O gece bir türlü uyuyamadım. Ertesi gün Doğu'ya, rakamların kökenini aramaya gidiyordum; bu arayış, harika biri olduğunu düşündüğüm bir insanın etkisiyle başlamıştı. *Laci altı üstü bir kaçakçı mıydı yani?* Bütün gece kendime bunu sordum durdum.

Ertesi sabah uyandığımda, edindiğim yeni bilginin, bende, ömrüm boyunca aradığım cevaplarla ilgili pek bir değişiklik yaratmadığını anlamıştım. Laci'nin karanlık bir yönü olabilirdi pekâlâ. Onca zaman, edindiği konumu yasa dışı mali kazanç elde etmekte kullanabildiği için bizim aileyle kalmıştı. Ama yine de büyük bir matematikçiydi ve küçük bir çocuk için çok iyi bir akıl hocasıydı. Bunun için ona hâlâ müteşekkirdim. Laci'nin yaptıklarına aldırmadan arayışımı sürdürecektim. Sıfırı aramak Laci'nin kim olduğundan çok daha önemliydi. Bu arayış artık yalnızca benim arayışımdı.

Birkaç saat sonra Tel Aviv yakınlarındaki Ben-Gurion Havalimanı'nda, uçağıma binip yolculuğuma devam etmeye hazırdım. Ilana'nın önceki gün söylediklerini aklımdan çıkarıp önümdeki işe odaklanmaya çalıştım.

13

UÇAKLA 10 SAATLİK YOLCULUĞUN sonunda Bangkok'a vardım. Debra'yla birlikte 27 yıl önce, balayımız için bu şehre gelmiştik. O zamanlar havaalanı küçüktü, terminalse ufacık bir binaydı. Bu defa beni büyük bir sürpriz bekliyordu: Bangkok'un Suvarnabhumi Uluslararası Havalimanı (Tayca okunuşu *Suvanapum*) dünyanın en modern havalimanlarından biriydi. Yabancılar girişinden ülkeye girmek, kameraların ve en modern teknolojinin kullanıldığı bir ileri teknoloji deneyimi oldu benim için.

Bavulumu alıp, dış mahalleleri şehir merkezine bağlayan yeni hızlı trene bindim, şehre doğru yola çıktım. Bangkok'un kalabalık sokaklarının 15 metre üstünden giden *Skytrain** ile Shangri-La oteline vardım. Otel, Bangkok'un ana su yolu olan, şehrin kuzey ve güneyindeki çeşitli bölgeleri arasında ulaşımı sağlayan Çao Phraya nehrinin doğu kıyısındaydı.

Sabahleyin otelden çıkıp nehir kıyısından kuzeye doğru yürüdüm. Sokakta yiyecek satan seyyar satıcılar yürümeyi zorlaştırıyordu; ızgara et, kuru balık, kızarmakta olan soğan, sarımsak ve çeşitli baharatların kokusundan kaçış yoktu. Bu kalabalık sokaklarda her bir Taylandlının derdi bana bir şeyler satmaktı sanki: Madem yiyecek almıyordum, bari sahte Rolex saat ya da porno DVD'si alsaydım.

Birkaç sokak sonra, sokak hayatı sessizleşti; artık sesler arada bir yanımdan geçen tuktukların gürültüsünden ve "Ne tarafa gitmek istersiniz efendim?" diye soran tuktuk sürücülerinin sesinden ibaretti. Bense başımı sallayarak yürümek istediğimi anlatıyordum. Bir sokağa saptım ve az

* "Gök Treni," Bangkok'un toplu taşıma sistemi —*çev. notu.*

sonra kendimi şehrin Fransız sömürge zamanındaki eski merkezinde buldum. Fransa Elçiliği hâlâ burada, 1920'lerden kalma tarihî bir binada hizmet veriyor ve üç renkli bayrağı Çao Phraya üzerinde gururla dalgalanıyor.

Elçiliğin çevresinde birkaç sokak yarıçapında bir mahalle, şehrin sömürge devrinden kalan kısmını oluşturuyordu. Civar, 20. yüzyıl başlarında George Cœdès'in bu sokaklardan geçerek bu mahallede bulunan ofisine gittiği günlerden beri mimari açıdan değişmemişti.

Cœdès kültürel konularda yaptığı işler ve arkadaşlıkları vesilesiyle, Tayland aristokrasisiyle yakın ilişkiler kurmuştu; bu da bölgede önemli arkeolojik çalışmalar yapmasını kolaylaştırdı. En yakın arkadaşlarından biri Tayland veliaht prensiydi ve Cœdès de Kamboçya prensesiyle evlenmişti; bu ilişkilerin faydasını gördüğü belli. Bir süre Tayland Milli Kütüphanesi'ni yönetmiş, pek çok kültür ve bilim kurumunun yönetim kurulunda yer almıştı. Çinhindi denen geniş coğrafyanın herhangi bir yerinde bulunmuş her türlü arkeolojik esere erişimi vardı.

Cœdès, Eski Kmerceden ve Sanskritten binlerce steli ve her türden yazıtı tercüme etti. Güneydoğu Asya hakkında, bu bölgenin tarihi ve arkeolojisi konusunda dünyanın tartışmasız en önde gelen uzmanıydı ve söyledikleri, çoğu kez alçak sesle ifade ettiği şeyler, bu alanda belirleyici oluyordu. Sayıların tarihini de böylece değiştirebildi.

Bangkok'un en eski ve en meşhur oteli Mandarin Oriental'ın arkasında, Çao Phraya'nın doğu yakasında, buraya gelmeme sebep olan şeyi gördüm: Günümüzde Fransız Karayipleri'nde gördüğümüz türden, gri ahşap balkonlu, pencereleri kepenkli, sömürge dönemine ait geniş bir Fransız binası. Bu binada bir zamanlar Cœdès'in ofisi vardı. İçeri girdim. Merdivenler ve siyah ferforje tırabzanlar belli ki hiç değişmemişti.

Zamanında ofislerin bulunduğu bu eski binada şimdi çoğunlukla küçük sanat galerileri ve simsarlar vardı. Burada Myanmar'dan gelme, su mermerinden Buda heykelleri; cennete yaptığı seyahatten dünyaya dönen ve dolayısıyla, kimi zaman Myanmar'daki tapınaklardan çalınıp getirilmiş bu tür heykellerde hep gördüğümüz o tebessümü yüzünde taşıyan Siddhartha'nın, 17. ve 18. yüzyıldan kalma beyaz opak heykelleri; Kamboçya'dan gelen, kumtaşından yapılmış ve gerçekten Angkor devrine ait olduğu iddia edilen Vişnu, Şiva ya da büyük kral VII. Jayavarman başları (bu heykeller sahiden gerçekse, Kamboçya'dan kaçırılmış veya 1970'lerde çıkan, tarihî eserlerin ülke dışına çıkarılmasını yasaklayan kanundan önce getirilmiş olmalıydılar); Tayland ve Laos'tan gelen pek çok ahşap, bronz veya varaklı Buda heykelleri sergileniyordu.

Bu yapının en iyi sanat simsarlarından biri olduğu izlenimini veren Galerie Mouhot'nun sahibiyle tanıştım. Eric Dieu adında Belçikalı bir adamdı. Kırmızı pantolon ve turuncu, yakası açık bir gömlek giymiş, kocaman, altın bir saat takmıştı. Saatin en pahalı İsviçre markalarından birine ait olduğunu fark ettim ve bana öyle geldi ki o da bunu fark ettiğime pek memnun oldu. Bay Dieu çok başarılı, aynı zamanda çok da bilgiliydi. Sergilediği eserlerden biri hakkında soru soracak olursam, eski birtakım sanat kitapları çıkarıyor ve eserin tarihini bu sanat rehberlerinden referanslara açıklıyordu. Genellikle sanat simsarlarına ve müzelere satış yaptığını söyledi; benimle konuşması belli ki bir şey satabileceğini düşündüğünden değil, sırf bu bölgenin antik dönemine duyduğu tutkuyu paylaşmanın keyfindendi. Profesyonel bir simsarın araştırmama nasıl yaklaşacağını merak ettim.

Bir sorunum olduğunu ve Güneydoğu Asya'ya bu sorunu çözmek için geldiğimi söyledim. "Angkor öncesi döneme ait çok önemli bir yazıtı arıyorum; sayıların bütün tarihi bu yazıtta yatıyor," diye anlattım meseleyi. "Eser 19. yüzyılın sonunda, Mekong kıyısındaki Sambor'da bulunmuş."

Bay Dieu sıra sıra heykellerin ve küçük objelerin ardındaki düzenli kitaplığına yöneldi. Bir an durup, 17. yüzyıl Sambor sanat üslubu hakkında büyük bir rehber kitabı raftan aldı. Sayfaları hızla çevirdi, o döneme ait bir dizi yazıta dair bilgileri buldu; fakat benim aradığım eser bunlardan biri değildi. Oturdu, biraz düşündü ve sonra yeniden kitaba bakarak, Kamboçya'da, Siem Reap'taki müzenin küratörünün adını yazıp verdi: Bay Chamroeun Chhan. "Ben olsam, araştırmaya buradan başlardım," dedi. "Bu kişinin, sizin kayıp K-127 hakkında bilgi sahibi olduğunu tahmin ediyorum."

Orası iyi bir başlangıç yeri olabilirdi. Binadan çıkıp Shangri-La oteline dönerken, Kamboçya'daki o müzenin küratörünün elektronik ya da normal posta adresini internette aramaya karar verdim; müze koleksiyonunda Cœdès'in kayıp K-127 steline benzeyen ve onunla yaklaşık aynı yaşlarda olan birkaç yazıt vardı. Ayrıca Cœdès'in kendisine dair herhangi bir bilgi bulmaya çalışmak da faydalı olabilirdi: Eski mektuplarda ya da aldığı notlarda yazıt hakkında ipuçları vardı belki de. Ertesi gün bu amaçla Fransa elçiliğine gittim. Görevliler çok naziklerdi, ama işe yarar hiçbir bilgi veremediler.

Bangkok'ta her yeri aradım, hiçbir şey bulamadım. Fakat Siem Reap'taki müzenin küratörünü internette arayınca, bir e-posta adresine ulaşabildim ve Mr. Chamroeun'a mesaj göndererek yardımını rica ettim. Yine de George Cœdès hakkında başka hiçbir bilgiye ulaşamamak canımı sıkmıştı.

14

CŒDÈS'İN SADECE CANLI VE HEYECANLI Bangkok'ta yaşamadığını, kısa süre önce gördüğüm o harikulade binadan başka yerlerde de çalışmış olduğunu biliyordum. Cœdès'in hayatı buralarda, Kamboçya, Laos ve Vietnam'da, Tayland'ın kırsal bölgelerinde, ayrıca Kamboçya Kralı'nın yeğeni olan prenses eşiyle beraber yaşadığı Kamboçya'nın başkenti Punom Pen'de tercüme etmek ve incelemek üzere yazıtlar arayarak geçmişti. Buraların yanı sıra, en iyi çalışmalarının bazılarını da buradan çok uzakta, kuzeydeki bir kentte, Hanoi'de görevliyken yapmıştı. Cœdès, Hanoi'de, Fransa'nın Güneydoğu Asya kültürel araştırmalar kurumu Fransız Uzak Doğu Okulu'nun (*École Française d'Extrême-Orient,* EFEO) başkanlığını yürütmüştü. Bu yüzden, Bangkok'da birkaç gün daha kaldıktan sonra, gece uçağıyla Hanoi'ye gittim.

Gece yarısı gibi Hanoi Havaalanı'na varıp, bu ülkeye giriş vizesi alabilmek için bir saatten uzun süre kuyrukta bekledim. Vietnam hâlâ komünist bir ülke. Kocaman bir orak-çekiç resminin altında oturan ve hiç gülümsemeyen pasaport memurları bu gerçeği bana hatırlattı. Odadaki kuvvetli ışık, eski filmlerde gördüğüm KGB sorgu odalarını çağrıştırıyordu.

Sonunda pasaportumda Vietnam vizesiyle havalimanından çıkıp taksiye bindim. Bir saatlik yola hemen hemen hiç asfalt atılmamıştı ve etraf öyle karanlıktı ki nasıl bir yerden geçtiğime dair hiçbir fikir edinemedim. Normalde rahat seyahat ederim, bilmediğim yerlerde olmak beni tedirgin etmez. Fakat burada zifirî karanlıktan ve tekinsiz sessizlikten huzursuz oldum. Gittiğimiz yere dair en ufak fikrim yoktu, İngilizce ya da Fransızca bilmeyen sürücünün beni ıssız bir tarlaya götürüp soymayacağına, öldürmeyeceğine inanmak zorundaydım. Tek kelime etmeden sürdü arabayı. Bir saat sonra, ev olduğunu düşündüğüm yapıların yüksek duvarları göründü. Cılız ışıklı tek tük sokak lambalarının biraz olsun aydınlattığı boş yollardan, dar sokaklardan geçtik.

Nihayet, heybetli bir binanın girişine vardık. Eski kentin merkezindeki, Fransızlardan kalma opera binasıydı bu. Şimdi yine Fransızlar tarafından işletilen bir oteldi. Çatıyı taşıyan yüksek mermer sütunların arasından, camdan bir kapıdan geçerek lobiye giriliyordu. Uykulu bir görevli, taksinin kapısını açıp bavulumu aldı. İçim rahatlamış halde şoförün parasını ödedim, içeri girdim.

Modern yaşama ait konfor öğeleri sunan Batı tarzı otel ile Doğu tarzı hizmetin bir garip karmasıydı burası. Batı tarzı tahıl gevreği ve yumurtanın yanında, Vietnam usulü şehriye çorbaları ve balık köftesinin sunulduğu kahvaltı sırasında masama gelen garson hangi ülkeden geldiğimi duyunca "Usama bin Ladin iyi adamdı," diye mırıldandı. Vietnam'da gittiğim her yerde aynı Amerikan karşıtlığını hissettim.

Hanoi'nin Fransız sömürge dönemindeki eski merkezinde dolaştım, EFEO'yu ve bir zamanlar Cœdès'in kullandığı ofisi aradım. 1860'ların üslubunu yansıtan bina oradaydı, ama içinde Fransız kültür kurumu yoktu. Sorduğum kişilerden biri, hâlâ Vietnam'da yaşayan bir Fransız'ın adını ve adresini verdi bana; kurumun Fransa'ya taşımayı başaramadığı bazı belgeler bu kişide olabilirdi.

Taksiyle şehir dışına çıktım; mandaların otladığı, koni biçimli tipik hasır şapkalar takan köylülerin küçücük alanları ekip biçtiği tarlaların, meraların arasından geçtik. Sonunda durgun akan bir ırmağa vardık. Buradan bir sandala bindim; güçlü kuvvetli genç bir kadın kürek çekerek beni Pierre Marcel ve Vietnamlı eşinin yaşadığı köye götürdü. Pierre orta yaşlı, tıknaz, yüzü çiçek bozuğu bir adamdı. Dostaneydi, ama dışa dönük Fransız konuşkanlığının ardında sakladığı bir şey vardı sanki. Kimdi bu adam? Bu köyde ne işi vardı? Onun Fransız gizli servisiyle bir şekilde bağlantısı olduğuna dair rahatsız edici bir hisse kapıldım; belki Fransa bu sabık sömürgesinden çekilmek zorunda kaldıktan onlarca yıl sonra, şimdinin komünist ülkesinde ne olup bittiğini bu yolla takip ediyordu. Belki de önceki gece taksiyle yaptığım tedirgin edici yolculuk hayal gücümü fazla çalıştırmıştı.

Pierre ve eşi beni, buraların geleneksel balık ekmeğiyle erişte çorbasından oluşan öğle yemeğine buyur ettiler. Yemekten sonra Pierre sararmış belgelerle dolu eski bir karton kutu çıkardı. Kutuyu bir süre karıştırdıktan sonra ilginç bir şeye rastladım: Cœdès'in yayımlatmak üzere gönderdiği bir makalesini tanıtan mektubun bir örneğiydi bu. Önemli bir bulgu değildi, ama K-127'yle doğrudan ilgili olmasa bile gerçek bir Cœdès belgesine ulaşmış olmak heyecan vericiydi.

Amacımı Pierre'e anlattım. "*Sambor sur Mekong*'dan geliyorsa..." dedi, "Punom Pen'de bir İngiliz var; onun bu konuda sana faydası dokunabilir. Orayı çok iyi bilir, hatta Sambor'dan gelen kayıp yazıtın nerede olabileceğine dair bilgisi de vardır belki. Adı Andy Brouwer. İnternette bir ara, e-posta adresini bulursun." Pierre'le kahve içtikten sonra, sandalı ve sandalcıyı bulmaya gittim. Kürek çeken kadın bu köyden tanıdıklarıyla yemek yemiş, nehrin kenarında beni bekliyordu.

Bu defa akıntının tersine gittiğimiz için, dönüş yolu gelişimizden biraz daha uzun sürdü. Kıyılardaki küçük çalılara konmuş bir sürü kuş gördük; çokça yalıçapkını, biraz da turna vardı, hepsi de yiyecek peşindeydi. Nehrin iki tarafı da gür tropik orman bitkileriyle kaplıydı. Yolun kenarındaki köye varınca yarım saat taksi aradım; sonunda bulduğumda, artık hava kararıyor ve soğuyordu. Taksici tersti, konuşkan değildi ve zaten çok az İngilizce biliyordu. Hanoi'ye giden tek şeritli yolda yoğun trafik vardı. Yolda bir arabayı ya da kağnıyı geçmek uzun süren, güç bir işlemdi ve bu işi sık sık yapmak durumunda kalıyorduk. Bir araba bizi sollarken neredeyse hendeğe uçuruyordu. Bu arayış hayatımı tehlikeye atmaya değer mi diye düşündüm. *Evet değer,* dedim kararlılıkla, *o kayıp yazıtı bulacağım.* Ertesi sabah yine hareketli Bangkok'taydım ve Kamboçya'da büyük bir macera yaşamaya hazırdım.

15

BİRKAÇ GÜN BANGKOK'TA KALIP BİRİKEN e-postaları cevapladım ve Andy Brouwer'ı bulmaya çalıştım. Neyse ki Brouwer'ın harika bir internet sayfası vardı. Hem iyi bir anlatıma sahip, hem de göze güzel gelen bu site, hakkında başka yoldan bilgi edinemeyeceğimiz, Brouwer'ın bizzat araştırma yaptığı Kamboçya'daki ören yerleri hakkında sağlam bir kaynaktı. Brouwer'ın bu konularda yazmaktan hoşlandığı besbelliydi. Bu internet bloglarına bakılırsa, Kamboçya ve buradaki pahabiçilmez değerler hakkındaki bilgisini paylaşmaya hevesli, sosyal bir insandı Brouwer. E-postama ilgiyle cevap verdi ve ne zaman istersem buluşabileceğimizi yazdı; bunun üzerine Punom Pen uçağına bilet aldım.

Ertesi sabah Bangkok'un beton, çelik, cam gökdelenlerinin parıltısını geride bırakıp, sisli, alçak binalarla dolu, kalabalık Punom Pen'e gittim. Şehrin güneybatı kesiminde bulunan Intercontinental oteline yerleşip, Andy Brouwer'a telefon ettim. Brouwer'ın önerisiyle, o akşam Wat Langka ile 278. Sokak'ın köşesinde buluşup birlikte akşam yemeği yemeye karar verdik. Sokakların böyle adlandırılması bana tuhaf geldi, ama Punom Pen'de de âdet böyleymiş işte. Intercontinental oteli, gerçek bir adı olan ender yollardan biri üzerinde. Yolun adı Mao Zedong Bulvarı.

Otelden taksiye bindim, şoför adresi buldu. Wat Langka, Mekong ve Tonle Sap nehirlerinin birleştiği su kıyısında kurulmuş eski bir Budist tapınağı. Kraliyet sarayı ve diğer önemli yapılar da bu bölgede. 278. Sokak ise turistlere yönelik kafelerin ve ufak lokantaların olduğu dar bir sokak; burada bira ve etli börek gibi şeyler bulmak mümkün. Buluşma vaktine daha en az bir saat vardı; ben de Wat'ı görmeye gittim: Güneydoğu Asya dillerinin çoğunda

Wat, "tapınak" demek. Yüksek beyaz duvarları, kızıl pagoda çatısıyla bu Wat da Tayland'da gördüğüm, 18. ve 19. yüzyıldan kalma birçok tapınağa benziyordu.

Tapınağın girişleri geniş ve açıktı. İçeride, büyük bir Buda heykelinin önünde, safran rengi kıyafetli Budist rahipler ibadet ediyordu. Tek başına gezen bu Batılı turiste kimse dönüp bakmıyordu. Ana tapınak binasının çevresinde yer alan 50 kadar ahşap Buda heykeli, ayırt edici bir sanatsal özellik sergilemiyordu. Bangkok'taki, altından yapılmış o devasa yatan Buda heykelinin bulunduğu Wat Pho'daki çarpıcı Buda imgelerine benzer bir şey yoktu burada.

Tapınaktan ayrılıp 278. Sokak'a doğru gittim. Birkaç turistin uzun kadehlerden tropik içkiler yudumladığı bir bardan Batı tarzı rock müzik sesleri yükseliyordu. Sokağın sonunda Asya'da bol bulunan cicili bicili hediyelik eşyalarla dolu bir dükkân vardı; içinde metal ya da ahşaptan ufak Buda heykelleri, Angkor Wat'ın kabartma resimleri, Hindu tanrılarının taş taklidi malzemelerden yapılmış başları, fallus figürlü anahtarlıklar... Vakit geçirmek için biraz bakınıp yürümeye devam ettim. Ufak, isimsiz bir otel gördüm, otelin ahşap mobilyalı barının yüksek tavanında vantilatörler dönüyordu. Girip bir Angkor birası, biraz da fıstık söyledim. Dışarıdaki masalarda Fransız ve Alman turistler akşamüstü güneşinin tadını çıkarıyorlardı.

Gün battıktan sonra sokaklar kararırken, War Langka ile 278. Sokak'ın köşesine geri döndüm. Açık renk saçlı Batılı bir adam hemen gözüme çarptı; o da bana dönüp "Amir Aczel, değil mi?" dedi. El sıkıştık, "Merhaba, ben Andy Brouwer. Nereye gitmek istersiniz?" dedi. "Burası sizin muhitiniz," dedim. Bunun üzerine, sevdiği bir lokantaya gitmemizi önerdi. Aynı sokaktan gerisin geri yürürken, bulvarda yeşil ışık yanar yanmaz yola atılan motosiklet ordusu az kaldı bana çarpıyordu. Andy, Asya trafiğine alışık olsa gerek, pek etkilenmiş görünmüyordu. Bir sonraki köşede, Batı ve Kamboçya mutfağından bol çeşit sunan bir lokantaya girdik.

Sipariş verdikten sonra “Ben aslen İngiltereliyim,” dedi Andy, “Birmingham’la Bristol arasında bir yerden.” Oraları bildiğimi söyleyip, ne sebeple Kamboçya’ya geldiğini sordum. “31 yıl bankada çalıştım, 16 yaşımda girmiştim bu işe ve hep de ipimi koparıp Kamboçya’ya gelmeyi hayal ederdim. Bir tek Kamboçya’ya. 1990’larda buraya gidip gelmeye başladım. 11 ay gündelik hayhuyla, 1 ay cennette geçiyordu. Yıllarca böyle devam ettikten sonra, artık tüm zamanımı cennette geçirmemin zamanı geldi diye düşündüm.” Andy böylece Kamboçya’ya yerleşmiş ve bir seyahat acentasında çalışmaya başlamıştı. Diğer yandan da, tutkunu olduğu şeyleri yapıyordu: Doğada maceralara atılıyor ve futbol oynuyordu.

Bir yazıtı aramakta olduğumu anlattım ona; vaktiyle Mekong kıyısındaki Sambor’da bulunmuş ve sonra Cœdès tarafından incelenmiş bu yazıtın şimdi nerede olduğu bilinmiyordu; hatta halen var olduğu dahi şüpheliydi. Kızıl Kmerlerin yağmalayıp yok ettiği pek çok sanat eserinden biriydi belki de. “Doğrusu,” dedi Andy, “bir keresinde ben bile bir yazıt buldum burada.”

Hayretle baktım. Andy devam etti: “Angkor’un 30 kilometre kadar kuzeyindeki bir bölgeyi geziyordum. Bir arkadaşımın antikacıdan satın aldığı, Fransızlar tarafından yapılmış, 1800’lerin sonlarından kalma bir topoğrafya haritasına göre, oralarda henüz incelenmemiş harabeler vardı. Kimsenin haberi yoktu bunlardan. Şimdi bu Fransızlar türlü çeşit harita yapmış, buldukları her şeyi de kaydetmişler; fakat 1950’lerin sonunda Kamboçya’yı terk ettikleri zaman bunların hepsi ya kaybolmuş ya da Avrupa’ya götürülmüş. Bu haritaya bakarak motosikletimle yola çıktım. Köy muhtarıyla konuşmuştum; kendisinin ve köylülerin tarif ettiğim yerde bir tapınak kalıntısı olduğuna dair bilgisi olmadığını, ama eğer bir şey bulursam onlara da bildirmemi söylemişti. Köy komiserini de yanıma kattı.

“Her yer çok yoğun bitki örtüsüyle kaplıydı. Buralar artık el değmemiş orman gibiydi. Belki yüz yıldır insan ayağının basmadığı yerlerdi. Yolumuzu resmen kendimiz açtık, adım adım, dalları palalarla keserek. Her taraf sivrisinek kaynıyordu; bir kobra yılanı gözümüzün önünden kayarak geçip gitti. Çok zor bir coğrafyaydı. Fakat bu tam da benim sevdiğim şey zaten. Neyse, birkaç saat bu şekilde gittikten sonra, elimdeki eski haritanın antik tapınaklar olduğunu gösterdiği yere vardık. Sıkı dur şimdi, orada gerçekten de birkaç tane tapınağın kalıntılarını bulduk: Yerde yığın yığın eski tuğlalar, yıkıldı yıkılacak bazı duvarlar, oyma süslü taş kapılar, bir de eskiden definecilerin hazine aramak için kazdığı bir çukur vardı. Zafer kazanmış gibi hissederek yere oturduk. Karşımdaki adamın elinde bir sopa vardı ve sohbet ederken sopa sanki taşa değiyormuş gibi sesler çıktı. Eğilip ayağının altındaki zeminde, sopanın değdiği yerden toprağı sildim. Toprağın altından kocaman bir taş çıktı, üstünde eski yazılar vardı. Belki sıfır da yazıyordur, bilemiyorum."

"Sıfır bulmak biraz zordur," dedim. "Peki bu dediğin harabeler ne zamana aittir sence? K-127, 7. yüzyıldan kalma."

"Bu daha yenidir," dedi. "Tapınaklar Angkor dönemine, 9.-10. yüzyıla daha yakın tarihliydi. Neyse, dönüp köy muhtarına bulduklarımızı anlattık, o da bunu kaydedip yetkililere bildirdi. Birkaç sene sonra bir gün televizyon seyrediyordum; *National Geographic*'te eski çağ tarihiyle ilgili bir programda bir de baktım, adamın biri tıpatıp aynı tapınağa doğru yola düşüp benim bulduğum yazıtı 'keşfetti!'" Ben bunu ahlak dışı bulduğumu söylerken, Andy, "Ama en azından köy muhtarı bu işi unutmamış," dedi. "Birilerine nereye bakmaları gerektiğini söylemiş; böylece, bir yazıt daha bulunmuş oldu." Başka maceralar da anlattı bana; mesela bir defasında bulduğu harabeler görsel açıdan o kadar cazip ve etrafındaki orman öyle gürmüş ki, Andy'nin bir şekilde temas kurduğu Paramount Filmcilik'in mekân yöneticisi bu keşfin üstünden iki hafta geçmeden bölgede ön araştırma yapmaya gelmiş. Ertesi sene *Lara Croft: Tomb Raider* filmi bu harabelerde çekilmiş.

Andy Brouwer Kamboçya'da bir orman macerasında.

Andy hikâyesini bitirince, "Sen olsan K-127'yi nasıl arardın?" diye sordum ona.

"Bazı bağlantılarım var," dedi. "Birkaç kişiyi arayacağım, sana e-posta yazarım. Tanıdığım birinin sana yardım edeceğinden eminim."

"Bir şey daha var," dedim. "Boşluk kavramını iyi bilen ve bana açıklayabilecek Budist rahiplerle tanışmak istiyorum, mümkünse. Sıfırın muhtemelen Budizmin Sunyata kavramından geldiğini düşünüyorum."

"İlginç bir fikir," dedi Andy. "Bunun için en iyi yer neresi biliyorum. Laos'ta, Luang Prabang diye bir yer var. Wat'ların ve Budist rahiplerin şehri. Ben olsam oraya giderdim."

Ona teşekkür ederek ayrıldım; şoförüm beni az sayıda araba, çok sayıda tuktuk ve binlerce motosikletin oluşturduğu akşam trafiği içinden otele geri götürdü. Otele varıp bilgisayarımı açtığımda Andy'nin mesajı gelmişti bile. Antik dönemi iyi bilen Kamboçyalı arkadaşı Rotanak Yang'la tanıştırıyordu beni. Kısa süre sonra Yang da bana bir e-posta göndererek, herhangi bir bilgiye ulaşırsa veya K-127 hakkında bilgi sahibi olabilecek isimler bulursa hemen bilgi vereceğini söyledi. Bu arada da, Cœdès'i okuyunca edindiğim izlenime uygun şekilde, aradığım yazıtın bir dönem, 1920'ler ve 1930'larda gerçekten de Punom Pen'deki ulusal müzede sergilendiğini ama çoktandır orada olmadığını anlattı. Yazıtın müzeden nereye gittiğini o da bilmiyordu.

Bunun üzerine, ertesi gün Kamboçya Ulusal Müzesi'ne gittim. Kraliyet Sarayı'na ve nehirlere yakın sayılacak bir yerdeydi müze. Girişte bir levhada, müzenin 1920'lerdeki açılışından bir fotoğraf yer alıyordu: Kamboçya'nın Fransız valisi töreni idare ediyordu, Kral'sa Vali'nin yanında duruyordu. Bunu bir şekilde hüzünlü ve aşağılayıcı buldum. Avrupalı güçlerin nasıl olup da, sınırlı sayıda asker taşıyan gemilerle geldikleri Güneydoğu Asya'da milyonlarca insanın yaşadığı toprakları ele geçirebildiğini hiçbir zaman anlayamamıştım. Bunun, Napoléon'un yeğeni İmparator III. Napoléon'un çılgın sömürgecilik hırsı yüzünden olduğunu biliyordum.

Louis-Napoléon Bonaparte, Fransa'da demokratik seçimle gelmiş bir idarenin başkanı olarak, imparator olmak için kendi hükümetine darbe yapmıştı. Onun emrindeki Fransız Ordusu 1865 yılında, Çinhindi dedikleri geniş bir bölgeyi ele geçirdi. 5 sene sonra aynı III. Napoléon, Paris'e saldıran Prusyalıların önünde dize gelecekti. Bu olay bana hep o kötü espriyi hatırlatıyor: "Masanızı 100 bin kişilik mi hazırlayalım Mösyö?"*

"– İkinci Dünya Savaşı'nda Paris'e giren Alman Ordusu'na, Paris Belediye Reisi ne demiş?
– Masanızı 100 bin kişilik mi hazırlayalım, Mösyö?"
Kaynak: https://bussorah.wordpress.com/2009/03/14/french-jokes/, erişim tarihi Nisan 2019 —*çev. notu.*

Ama Fransızlar bir yandan da George Cœdès'i kazandırdı bize. Cœdès bu bölge için çalıştı ve bölgenin tarihinin ve kültürünün anlaşılmasına katkıda bulundu. Müzedeki bazı sergi alanlarında Cœdès'in adı geçiyor. Müzenin çıkışındaki büyük bir panoda ise şimdiye kadarki tüm eski yöneticilerin adları ve fotoğrafları görülüyor. Bunlardan biri, sadece birkaç yıl önce müzenin müdürü olan Bay Hab Touch. Bu ismi yine duyacağım. Touch ve arkadaşları muazzam bir iş yapmış; bir zamanlar çok iyi bir yer olan bu müzeyi, Kızıl Kmerlerin o karanlık dönemde düşürdüğü durumdan, ıssız yapıyı yuva edinmiş binlerce yarasanın, güvercinin ve başka hayvanın pislikleriyle dolu virane halinden kurtarıp, yeniden ayağa kaldırmışlar.

Kamboçya Ulusal Müzesi bugün dünyanın en iyi müzelerinden biri. Angkor'da, Sambor Prei Kuk'ta ve Kamboçya'nın başka yerlerinde bulunmuş, şimdi burada sergilenen heykeller, dünyanın gelmiş geçmiş en güzel heykelleri arasında. Burada dört ya da sekiz koluyla Vişnu'nun, çoğu kez üçüncü bir gözle tasvir edilen Şiva'nın resimleri, Brahma'nın da olağanüstü bir heykeli var; tanrının dört yüzü doğuya, batıya, kuzeye ve güneye bakıyor sakin sakin. Ayrıca boğa Nandin'in heykeli de çok güzel; Tanrıçaların, üç Hindu tanrısının dişi eşlerinin heykelleri mükemmel; keza Apsaraların, yani Çinhindi'nin her yerinde gördüğümüz perilerin heykelleri de. Müzedeki eserlerin yaklaşık yarısı, bu coğrafyanın her köşesinden, çeşitli dönemlere ait Buda heykelleri. Buda çoğu zaman dokuz başlı kobrası Naga'nın üstünde oturur vaziyette tasvir ediliyor. Naga imgeleri de yine hem müzede hem de Kamboçya'nın başka yerlerinde sık sık karşımıza çıkıyor. Mesela Angkor Wat'ın girişinde, muhteşem tapınağa giden yolun iki kenarı bu dokuz başlı yılan imgeleriyle süslenmiş.

Punom Pen'den ayrılırken elimde olan bilgi, gelirken sahip olduğumdan çok da fazla değildi. Daha fazla bilgi edinebileceğim telefonları ve e-postaları beklemek için kayıp K-127 araştırmasında mesken tuttuğum Bangkok'a döndüm. Araştırma zorlaşmaya başlamıştı; çünkü tanımadığım insanların tanıdıklarına, tanıdıkların tanıdıklarının ellerindeki bilgiye ve bu insanların iyi niyetine bel bağlıyordum. Tanımadığım insanların benimle temas kurmasını beklemek müthiş sabır gerektiriyordu ve bu insanlar bana kendi hızlarıyla, sırf nezaketten ve başka bir kıtadan gelmiş bir araştırmacıya yardım etme isteğinden dolayı bilgi veriyorlardı.

16

KAYIP YAZITA GİDEN YOLU gösterebilecek e-postalarını beklerken, Andy Brouwer'ın tavsiyesine uymaya ve Laos'a gidip Budizmdeki boşluk kavramı hakkında cevaplar aramaya karar verdim. Boston'daki Debra'yı aradım; Massachussetts Teknoloji Enstitüsü'ndeki işinden birkaç gün izin aldı ve Tokyo aktarmalı 25 saatlik bir uçak yolculuğuyla Bangkok'a, benim yanıma geldi. Kaç haftadır ayrı kalmıştık; böyle uzak kalmaya hiç alışık değildik ve ona kavuşmak için sabırsızlanıyordum. O gece Shangi-La otelinde kaldık; ertesi sabah havalimanına gidip, Bangkok Havayolları'nın Luang Prabang'a giden turboprop uçağına bindik. Bu benim için iş seyahatiydi, Debra'ysa egzotik ve ilginç bir yerde beraber vakit geçirebileceğimizi biliyordu ve bana eşlik etmekten mutluydu; sağ olsun, araştırmama yardım etmek için de epey vakit harcadı.

Luang "başkent" demek, Prabang ise 1. yüzyıla ait bir Buda imgesinin adıydı; bu imge, Sri Lanka halkı tarafından Laos Kralı'na hediye edilmişti. Lao Hanedanı artık yok, Laos artık Komünist bir ülke; fakat bu heykeli Luang Parabang'daki müzede hâlâ görebilirsiniz. Vietnam'da olduğu gibi, Laos'ta da orak ve çekiç her yerde. Göründüğü kadarıyla yolsuzluk da öyle.

Bangkok'tan Luang Prabang'a uçuşumuz iki saat sürdü. Uçak inişe geçerken, tropik yağmur ormanları ve palmiye ağaçları arasında, parlak yeşiller içinde Budist tapınaklarının kırmızı kırmızı çatıları görünmeye başladı. İnince, boyu 60 metreyi bulmuş, likenlerle kaplı dipterokarplar, kauçuk ve dev tualang ağaçları gördüm.

4 Nisan 2013 günü akşamüstü Luang Prabang Havalimanı'na vardık. Debra pasaport kontrolünden çabucak geçip karşıki salonda beni beklemeye başladı. Görevliye

ABD pasaportumu uzattım, uzun uzun inceledikten sonra yerinden kalkıp "Böyle gelin," dedi bana. Debra'nın beni beklediğini görünce, "Eşiniz de gelebilir," diye ekledi.

Bizi vize sırasındaki diğer insanlardan ayırıp, perdeleri kapalı özel bir odaya aldı. Burada başka bir görevli, masasından başını kaldırmadan, dudaklarında sabit bir sırıtışla gazete okuyordu. Bize eşlik eden adam tüm perdeleri daha da sıkı kapattı, "Oturun lütfen," dedi. Yarım ağız kahve teklif ettikten sonra, tam karşıma geçti. Gözümün içine bakarak, "Pasaportunuzun en az 6 ay süresi olması gerekiyor. Sizinkinin süresinin dolmasına 5 ay kalmış. Bu bize çok sıkıntı çıkaracak bir durum," dedi. "Bize 200 dolar ödemeniz gerekiyor." Şaşakaldım, ama ödemekten başka seçeneğim olmadığını anlamıştım. Kabul etmezsem beni kim bilir ne kadar süreliğine hapse atar ya da bir sonraki uçakla sınır dışı eder, bilet parasını da yine benden alırlardı.

Debra'ya bir bakış atıp, rüşvet peşindeki bu devlet görevlerinin ne istediğini anladığımı belirtmek için göz kırptım ona. Sonra cüzdanımı çıkardım, adama 100 dolarlık iki banknot uzattım. "Ülkeden çıkarken de aynı sorunla karşılaşmayacağım, değil mi?" diye sordum.

"Hayır, merak etmeyin," diyerek bizi yeniden pasaport kontrol kabinine götürdü, pasaportuma giriş vizesi bastı ve otele gitmek için taksiye binmeye gönderdi. Bu arada, üçkâğıda gelmemek için hangi taksilere binmemiz gerektiğini güzelce anlatmayı da ihmal etmedi. Böylece, bu olayın dışında harikulade olan bir ülkede verimli ve keyifli geçecek gezimize tatsız bir giriş yapmış olduk.

Luang Prabang'ı yukarıdan gören bir tepenin üstüne inşa edilmiş Kiridara oteline gittik. Açık havadaki lobiden anahtarlarımızı almadan, otelin bakımlı bahçesinde gezindik. Yaseminlerin ve tanımadığımız tropik çiçeklerin mis kokusunu içimize çektik; uzaklarda yanan tarlalardan gelen hafif bir yanık kokusu da vardı. Kokular insanı canlandıran bir şekilde birbirine karışıyordu; bu çok hoşumuza gitti. Rahat odamıza yerleşip, Laos yaylalarındaki köylülerin içtiği türden isli Lao çayı içtik. Ertesi sabah şehri dolaşmaya çıktık.

Luang Prabang müthiş bir yer; Fransız sömürge döneminden kalma mükemmel mimarlık örneklerine de rastlanan ilginç bir karışım var burada. Asya'da, sözün tam anlamıyla her binanın yüz yıl önce nasılsa öyle kaldığı pek az yerden biri burası. İki katlı, ikinci katları verandalı, ahşap panjurları beyaza ya da açık maviye boyalı evler bunlar. Alt katlarda pencereli, sokağa açılan kapıları, tavanlarında Casablanca filmindeki gibi vantilatörleri var. Paris'te görseniz yadırgamayacağınız Fransız kafeleri taze kruvasan ve leziz kahve sunuyor. Arada, yerel elişleri satan pahalı dükkânlar, lokantalar ve çevredeki gür ormanlarda macera turları, Mekong nehrinde tekne gezileri düzenleyen seyahat şirketleri var. Mekong'a akan Nam Khan nehri üstündeki derme çatma bambu köprüler ve kent sokakları tuktuklar, turistler ve turuncu kıyafetli Budist rahiplerle dolu. Geceleyin kent pazar yerine dönüyor; Luang Prabang'lı satıcılar ve civardan köylüler muhteşem Laos ipeklileri, elyapımı takılar ve şişelere konmuş ölü kobra yılanları satıyor. Lokantalardan biri, en sevilen ürünlerinin manda, geyik ve timsah eti olduğunu yazmış.

Biz bu lezzetleri denemedik, körili pilav ve sebze yedik – buradaki köri Hindistan'dakinden daha iyiydi. Bir yandan da projeden bahsettik. Yemeğin üstüne krem bruleyi de bitirdiğimizde, Debra, "K-127 artık yoksa ne yapacaksın?" diye sordu temkinle.

Bir an düşündüm, sonra "Onu bulacağım," dedim, "ömrüm Güneydoğu Asya'da geçse de bulacağım."

Debra gülümseyerek "O zaman Miriam'ı okuldan alıp buraya mı taşınsak?" dedi. "Bir de, onu bulmak için kaç kere daha rüşvet vermen gerekecek dersin?" Güldük, ama onun arkamda olduğunu biliyordum. Nedense, belki de nedensizce, ikimiz de K-127'yi bulmayı başaracağımdan emindik; kırık taş parçalarından ibaret olsa bile, onu bulacaktım. Debra bu arayışın benim için ne kadar önemli olduğunu biliyordu ve onun güçlü desteği beni çok etkiliyordu. Fakat sonlara doğru bu işin ne kadar çirkinleşeceğini ikimiz de bilmiyorduk.

Laos'a gelme sebebimizse, antik tapınaklarda, Güneydoğu Asya'nın Wat'larında Buda'ya hizmet eden bilge rahiplerle görüşmekti. Tapınaklardan en eski ve mimari bakımdan en etkileyici olanına, Wat Xieng Thong'a gittik önce. İncelikle yapılmış cam mozaiklere, varaklı süslere sahip, üst üste katları dik bir şekilde yükselen bu ahşap tapınak 1565'te yapılmıştı. Geniş yollardan geçerek, bir tepenin üzerinde bulunan, bir yandan Mekong nehrini diğer yandan kenti gören tapınağa vardık. Rahipler çevrede dolaşıyor veya küçük gruplar halinde sohbet ediyorlardı. Debra eski tapınağın fotoğraflarını çekerken, ben rahiplerden birine gidip ne aradığımı anlattım.

Rahip beni bu tapınağın en bilge rahibinin yanına götürdü. Eski tapınağın içinde, etkileyici bir Buda imgesinin yanında oturmuş olan bu rahip, meditasyon yapıyordu. Ayakkabılarımı çıkarıp içeri girdim ve köşede bir ahşap banka oturup beklemeye başladım. Rahibin meditasyonu bitince, kendimi tanıtıp, soracağımı sordum. "Budizmde boşluğun, Sunyata'nın anlamı nedir?" Bana bakıp bir süre düşündü, sonra "Her şey her şey değildir," dedi.

Çok şey bilen bir insanın, düşünerek verdiği bir cevaptı bu; yüzeysel bakmamam gerektiğini anladım. Rahip doğru ifadeyi bulmaya çalışıyor değildi, İngilizce kelimelerin anlamını karıştırmış da değildi. Ne dediyse, tam olarak onu kast ediyordu: "Her şey her şey değildir." Bu ilginç cevap üstüne bir süre düşünüp taşınmam gerekecekti. Ama ne kast ettiğini biliyordum. "Her şey her şey değildir" ifadesi Doğulu birinin zihnine sezgisel olarak da doğru ve açık gelebilir. Batılınınsa bunu anlamak için düşünmesi gerekiyor, ama düşündükçe sözler berraklık kazanıyor ve büyük bir derinlik ve anlam ifade ediyor.

"Her şey her şey değildir" cümlesini açıklamak için büyük İngiliz filozof ve matematikçi Bertrand Russell'ın çalışmalarına başvurmam gerekti. Russell, 20. yüzyıl başlarında, evrensel küme, yani *her şeyi* kapsayan ve dışarıda hiçbir şey ama hiçbir şey bırakmayan kümenin mümkün olamayacağını kanıtlamıştı. Bütün evreni ya da evrenler kümesini, dışarıda hiçbir şey kalmamacasına kapsayacak bir kap olamaz: Her türlü kapsamın dışında kalan *bir şey* muhakkak olmalıdır.

Bu matematik görüşü, evrenin yapısı bakımından çok önemli bir anlam taşıyor: Evren, bu her neyse, ortada olandan ibaret olamaz. Russell bu şaşırtıcı matematiksel bulguyu çok akıllıca bir savla ispatladı: "Kendini kapsayan kümeler, bir de kendini kapsamayan kümeler düşünelim." Mesela, bütün köpekler kümesi kendi kendini bir eleman olarak kapsamıyor, çünkü küme, köpek değil.

Fakat köpek olmayan her şey kümesi kendi kendini de kapsıyor. Neden? Çünkü küme köpek değil, dolayısıyla köpek olmayan her şey grubuna o da giriyor. Sonra şu soruyu soruyor: Peki ya, kendi kendini kapsamayan tüm kümeler kümesi? Bu küme, kendi kendisini bir eleman olarak içerir mi? İçerecek olursa, o zaman kümenin kendisi, tanımı gereği, bu kümeye dahil olamaz; fakat eğer küme kendi kendini bir eleman olarak kapsamıyorsa, o zaman kendini kapsar.

Russell bu çelişkiyi kullanarak, o zaman yeni ortaya çıkmakta olan küme teorisindeki bazı sorunları ortaya çıkardı. Bugün biliyoruz ki küme teorisi Nagarjuna'nın temel Doğu mantığıyla ve dörtlemle pek uyuşmuyor. Linton'ın, Grothendieck'in çalışmalarından (ki bunlar kümelere değil kategorilere dayanıyordu) faydalanarak bu sorunu nasıl aştığını da görmüştük. "Her şey her şey değildir": Bütün varlıkları kapsadığını düşünebileceğimiz şeyin *dışında* kalan bir şey daima vardır. Bu şey bir fikir olabilir, bir nevi boşluk olabilir, yahut ilahi bir varlık olabilir. Ama hiçbir şey, *her şeyi* kapsayamaz. Rahibin bu düşüncesini gayet derinlikli buldum. Ve daha söyleyecekleri vardı.

Yaklaşmamı işaret ederek, "Gel," dedi rahip; 30 santim yükseklikte, oturma yeri nakışlı bir kumaşla kaplı, dört küçük ahşap bacağı olan ufacık bir tabure gösterdi. Rahibin yanına oturdum. "Meditasyon yaparken sayı sayarız," dedi. Bana dikkatle bakıyordu. "Gözlerimizi kaparız ve yalnızca o anda nerede olduğumuzu hissederiz, başka hiçbir şeyin farkında olmayız. Nefes alırken sayarız, 1; nefes verirken bir daha sayarız, 2; böyle devam ederiz. Saymayı bıraktığımızda, işte bu boşluktur, sıfır sayısıdır, ıssızlıktır." Tam aradığım şey, diye düşündüm: Sunyata ve sıfır sayısı bir arada.

Neden buraya geldiğimi anlamaya başlıyordum. Sıfır sayısının zihinsel doğum yeri burasıydı. Sıfır, Budist meditasyonundan doğmuştu. Mutlak hiçliği, o fikir ortaya çıkana kadar var olmamış bir sayıyla ifade etmek ancak böylesi bir derin içgörüyle mümkün olabilirdi.

Rahip devam etti: "Doğarız, büyüyüp gelişiriz, bir nicelik oluruz. Sonra ölürüz, niceliğimiz sıfır olur. Meditasyonun ve var oluşun sırrı budur." Orada, o küçük ve rahatsız taburede bir müddet oturdum, bilge rahibin bana verdikleri üstüne düşündüm. Sonra ona teşekkür edip oradan ayrıldım.

Tapınak alanı içindeki meydanı geçerken, gürültüyle Fransızca, İtalyanca, Almanca konuşan Avrupalı turist kalabalığıyla karşılaştım. Ortalarında uzun boylu beyaz bir adam vardı; sarı kıyafet giymiş, upuzun beyaz sakallı bu adam saçlarını atkuyruğu yapmıştı. Fark edilmeyecek gibi değildi. Yanına gidip, az önce çıktığım tapınak üstüne gündelik bir sohbet açtım. Sonra lafı, Doğulu kıyafetleri içindeki bu Batılıya sormak istediğim soruya getirdim: "Budizmdeki boşluk senin için ne ifade ediyor?"

"Budist değilim," dedi adam. "Hinduyum ben. Aslen Fransa'nın Béziers kentindenim, ama 41 yıldır Chennai'de yaşıyorum, yani Madras'ta."

"Evet, Chennai'nin eski Madras olduğunu biliyorum," dedim. "Peki bu Budist tapınağında ne yapıyorsun?"

"Sadece geziyorum," diyerek güldü. "Şimdilerde, geçici olarak burada yaşıyorum," dedi ve gülümseyerek kendini tanıttı: "Ben Jean-Marc."

Debra onunla konuştuğumu görmüş, bekliyordu. Jean-Marc'a Hindu tanrılarını ve taşıdıkları anlamı sordum. "Ben, Tanrı'nın Cennet'te olmadığına inanıyorum," dedi, "Şiva bizim içimizde, senin, benim içimizdedir."

"O halde her birimiz dünyanın yok edicileri miyiz?" diye sordum. O arada, etrafımızdaki ziyaretçi kalabalığı, Budistlerinkinden biraz daha farklı, azıcık daha koyu renkte ve azıcık daha yeşile çalan bir kıyafet giymiş olan bu tuhaf adamı fark ettiler. Onu soru yağmuruna tuttular. Jean-Marc benim sorularımı cevaplamayı bitiremedi. Ben de Debra'nın yanına gidip aramızda geçen konuşmayı ona anlattım.

"Belki yine görürsün onu," dedi. "İlginç şeyler biliyor olabilir." Yürüyerek kent merkezine indik, nehre bakan bir Fransız kahvesinde bir şeyler içtik.

Ertesi gün ana caddede yürürken, bir dükkânda Jean-Marc'ı gördüm. Yanında genç bir Hintli arkadaşı vardı; iki adet rengârenk Buda resmi alıyorlardı. "Yanlış din, değil mi?" dedim. Jean-Marc güldü. Önceki gün yarım kalan sohbetimize döndüm, Şiva'nın hepimizin içinde olduğu konusuna. "Tabii," dedi "Şiva muhakkak ki her yerde; kim olursak olalım, her birimizin içinde." Bu fikri haklı –ve çok trajik– bir biçimde kendi üstünde hayata geçiren tek kişi geldi aklıma: Robert Oppenheimer. 16 Temmuz 1945 günü, New Mexico çölünde kendisinden ve diğer biliminsanlarından sadece birkaç kilometre ötede ilk atom bombası patlarken, Oppenheimer Hint destanı *Bagavad Gita*'da Şiva'dan bahseden şu sözleri, kederle tekrarlamıştı: "Ben ölüm oldum, dünyaları yok edenim ben."

"O halde Budizm ilgini çekiyor," dedim, Jean-Marc'ın elindeki, biri kırmızıya biri yeşile boyanmış iki küçük Buda heykelciğine bakarak.

"Evet, kesinlikle," dedi. "Doğu dinleri birbiriyle ilişkili, iç içedir; bunu mesela Angkor Wat'ta da görürsün. Tapınak önce Vişnu'ya adanmış bir Hindu tapınağı olarak kurulmuş. Hatta bugünlerde, tepede bir heykel kalıntısı buldular, duydun mu? 10. yüzyıldan kalma bir Vişnu heykeli... Ama burası şimdi Budist tapınağı olarak kullanılıyor. Aynen bunun gibi. Güneydoğu Asya'nın Budist ülkelerinin her yerinde Şiva'nın dağının, büyük Garuda kuşunun resimlerini sen de görmüşsündür eminim."

Başımla onayladım, sonra "Evet, ben aslında katuskotiyi, dörtlemi sormak istiyorum sana," dedim. "Nagarjuna'yı okuyorum."

"Dörtlemi anlamak için Nagarjuna'ya gerek yok," dedi. "Batılı kafasıyla bakıldığında acayip görünen o mantık, Budizmin kendisi kadar eski aslında. Nagarjuna bunun yakın tarihli yorumcularından biri sadece. Sen bunun Budizmdeki daha eski ifadelerini incelemelisin. Matematikçi olduğuna göre, muhtemelen felsefi bir analiz isteyeceksin... Belki iki sorunu da cevaplar bu. İsterseniz hep beraber bize gidelim," dedi.

Teşekkür ederek davetini kabul ettik. Jean-Marc ve arkadaşıyla birlikte sessiz bir sokaktan, Mekong'a kavuşan Nam Khan nehrine doğru yürüdük. Nehir boyuna vardık, kumluk kıyıya indik, hızla çağlayan suyu aşarak karşı kıyıya geçen ve her an yıkılabilirmiş gibi görünen bambu köprüyü, kenarlarına tutuna tutuna dikkatle geçtik. Karşı taraftaki dik ve tozlu bir patikadan yürüyerek en tepeye konmuş kulübeye vardık. Jean-Marc kapıyı açtı. Evinin ufak salonunda oturduk, bize çay ikram etti. Sonra arkasındaki kitaplığa döndü.

Bir kitap alıp yüksek sesle okumaya başladı: "Erken dönem Budist mantığında, her türlü durum için dört ihtimal bulunduğu kabul edilirdi: Durumun geçerli olduğu, olmadığı, her ikisi ve hiçbiri. Bu katuskotidir (ya da dörtlem). Klasik mantıkçılar bundan anlam çıkarmakta çok zorlandılar; fakat dörtlem, çeşitli tutarlılıkötesi mantıkların semantiğinde, örneğin birinci derece gerektirmede gayet anlamlıdır. Nagarjuna gibi daha sonraki Budist düşünürler için bu konu daha karmaşıktır; Nagarjuna bu seçeneklerden hiçbirinin ya da birden fazlasının da geçerli olabileceğini ima eder gibidir."[1]

1 Bu sözler Graham Priest'a ait, "The Logic of the *Catuskoti*" *Comparative Philosophy* 1, no. 2 (2010), s. 24.

Jean-Marc bunları okurken karşımızda lotus pozisyonunda oturuyor, uzun kır sakalıyla oynuyor ve iki-üç dakikada bir durup hatmi çayından bir yudum daha alıyordu. Gözleri birden kapandı, meditasyona daldı. Bir süre sonra gözlerini açıp devam etti: "Budist düşüncesinde, şekillendirme girişimlerimize en dirençli tez yapısı hiç şüphesiz katuskoti, yahut dörtlemdir."[2]

Tanımlama katuskotinin Budist düşüncede çok erken dönemlerde nasıl ortaya çıktığını, bunun Buda'nın, yani Hint Prensi Siddhartha Gothama'nın yaşadığı dönem olan MÖ 6. yüzyıla dayandığını gösteriyordu. Jean-Marc bize, Buda'ya en derin metafizik sorulardan biri sorulduğunda olanları okudu:

> Nasıldır, Gothama? Gothama azizin ölümden sonra var olduğuna ve yalnız bu görüşün doğru, diğer hepsinin yanlış olduğuna inanır mı?
>
> Hayır, Vakka. Ben azizin ölümden sonra var olduğunu ve yalnız bu görüşün doğru, diğer hepsinin yanlış olduğunu düşünmüyorum.
>
> Nasıldır, Gothama? Gothama azizin ölümden sonra var olmadığına ve yalnız bu görüşün doğru, diğer hepsinin yanlış olduğuna inanır mı?
>
> Hayır, Vakka. Azizin ölümden sonra var olmadığını ve yalnız bu görüşün doğru, diğer hepsinin yanlış olduğunu düşünmüyorum.
>
> Nasıldır, Gothama? Gothama azizin ölümden sonra hem var olup hem var olmadığına ve yalnız bu görüşün doğru, diğer hepsinin yanlış olduğuna inanır mı?
>
> Hayır, Vakka. Azizin ölümden sonra hem var olup hem var olmadığını ve yalnız bu görüşün doğru, diğer hepsinin yanlış olduğunu düşünmüyorum.
>
> Nasıldır, Gothama? Gothama azizin ölümden sonra ne var olduğuna ne de var olmadığına ve yalnız bu görüşün

2 T. Tillemans, "Is Buddhist Logic Non-Classical or Deviant," 1999, 189, aktaran Graham Priest, "the Logic of the *Catuskoti*", s. 24.

doğru, diğer hepsinin yanlış olduğuna inanır mı?

Hayır, Vakka. Azizin ölümden sonra ne var olduğunu ne de var olmadığını ve yalnız bu görüşün doğru, diğer hepsinin yanlış olduğunu düşünmüyorum.[3]

Jean-Marc'ın okumakta olduğu makaleye göre, bu açmazı çözmenin yegâne yolu, son iki seçeneğin, yani hem doğru hem doğru değil ve ne doğru ne doğru değil seçeneklerinin "*boş* oldukları" sonucuna varmaktı.[4] Jean-Marc yüzünde başarıya ulaşmışlık ifadesiyle baktı; ben de sezgilerimin doğru çıktığını anladım: Katuskoti, yani dörtlem, çöker. *Dört* köşe olmasında ısrar ettiğimiz zaman bu köşeler kaybolur ve geride boş küme kalır: Boşluk, Sunyata ya da sadece sıfır.

Ne zamandır aradığım bağlantı, katuskotinin sıradışı Doğu mantığı ile boşluk arasındaki, sıfırın bulunmasına giden o bağlantı şimdi kurulmuştu. Katuskotinin dört ihtimalinin oluşturduğu mantık paradoksunun tek matematiksel çözümü, matematikteki boş kümeydi: büyük boşluk, hiç yokluk, mutlak sıfır.

"İşte cevabın," dedi Jean-Marc. "Dörtlem dosdoğru Sunyataya çıkıyor." Hepimiz ona bakıyorduk: "Budizm boşluğu vurgular; sizin Batı'da sahip olmadığınız bir şey bu. İstersen şöyle de diyebiliriz, aradığın bu da olabilir: Doğu'da sıfırın kaynağı Buda'nın kendisi kadar eski, 1600 yaşındadır."

Bir süre sessizce oturduk. Sonra "Teşekkür ederim," dedim, "Şimdi biraz da sonsuzluğu anlatır mısın bize?"

Jean-Marc güldü, "Aa, ama sonsuz çok büyük; onu da başka bir güne saklasak?"

"Yarın yine gelebilir miyim?" diye sordum.

3 S. Rhadakrishnan ve C. Moore, ed., *A Sourcebook on Indian Philosophy* (Princeton, NJ: Princeton University Press, 1957), aktaran Graham Priest, "The Logic of the Catuskoti", s, 25. Priest, bu çeviride geçen "aziz" çevirisinin kötü bir çeviri olduğunu, kastedilenin aydınlanmaya ulaşmış kişi, bir Buda (yahut Tathagata) olduğunu açıklıyor.

4 Graham Priest, "The Logic of the *Catuskoti*", s. 28.

"Memnun olurum," dedi, elimizi sıktı. Debra ve ben kalktık; Jean-Marc'ın Hintli arkadaşı bize bambu köprüye kadar eşlik etti.

17

DEBRA ERTESİ GÜNÜ FOTOĞRAF çekerek geçirmeyi planlamıştı. Önceki gün hoşumuza giden, Mekong manzaralı kafede akşama doğru buluşmayı kararlaştırdık. Ben de Jean-Marc'ın Doğu'daki sonsuzluk fikrine dair görüşünü öğrenmek üzere, onun tepe üstündeki küçük evine gidecektim. Sonsuz, Hinduizmin barışık olduğu bir fikirdi; dolayısıyla Jean-Marc'ın bu konuda pek çok şey bildiğini hissediyordum. Keyifliydi Jean-Marc, bana bir kâse yeşil körili sebze ve pilav ikram etti. Onun sofrasında birlikte yemek yedik.

Yemeğimiz bitince "Demek Doğu felsefesinde sonsuz hakkında bilgi edinmek istiyorsun," dedi. Hem sıfırın hem de sonsuzun, bugünkü sayı sistemimizin iki ucu olarak, muhakkak Doğu'dan gelmiş olması gerektiğini anlattım. "Buda'nın kendisi de matematikçiydi, biliyorsun," dedi Jean-Marc. "Buda hakkındaki en eski kitaplarda, örneğin *Lalita Vistara*'da Buda'nın 'sayılar' konusunda mükemmel olduğu ve Prenses Gopa'nın ilgisini çekmek için bu yeteneğini kullandığı anlatılır. Sayılar, bu arada çok büyük sayılar ve onların sonsuzluk sınırı, daha bu metinde bile vardır. Sonra, tabii Hinduizmde de sonsuzdan çok söz edilir: sonsuz zaman, sonsuz uzay, vesaire. Bu kavramlar o dönemin Hint felsefesinde, Batı'da olduğundan çok daha yaygındır. Batı'da sizin sadece, tanrının sonsuz olması gibi, o da her ne demekse işte, birtakım muğlak kavrayışlarınız var. Caynacılığa da bakmalısın muhakkak, o da çok eski bir dindir. Çok büyük sayılarla ilgilenenler özellikle Caynacılardır." Kalkıp kitaplığına gitti, bir kitap alıp sayfalarını karıştırmaya başladı. Sonra, sonsuz niceliklerin *Anuyoga-vara sutra* [Sormanın Kapıları] adında, iki bin yıl önce yazılmış bir Cayna metninde geçtiğini söyledi. Bu eserde sonsuz nicelikler "çoklu çarpma" denen bir işlemle türetiliyordu, belki de üslü sayı demekti bu. Eğer öyleyse, 2 bin yıl önce yaşamış Caynacılar sonsuzluğa dair çok derin şeyler kavramış olsalar gerekti.

"Müthiş bir şey bu," dedim.

Gülümsedi. "Evet, eski Hintliler sonsuzluğu Batı'daki matematikçilerden en az 1800 yıl önce anlamışlardı."

"O halde Cantor'un çalışmalarını biliyorsunuz?" dedim hayretle.

"Evet, elbette. Uzun zaman felsefe okudum, matematik felsefesi de dahil."

Bana bunca şaşırtıcı gelen –daha önce hiç farkında olmadığım– şey, Jean-Marc'ın Cayna metnine dayanarak söylediklerinin, çok erken zamanda sonsuzluğun gerçekten matematiksel bir şekilde anlaşılmış olduğuna kanıt oluşturmasıydı. Hem de, Almanya'da büyük bir dehanın, ciddi eziyetler çeken matematikçi Georg Cantor'un aynı kavramları açıklayabilmesinden çok çok daha önce gerçeklemişti bu.

Cantor, 1800'lerin sonunda, Almanya'nın doğusundaki Halle Üniversitesi'nde matematik dersi veriyordu ve sonsuzun matematiğini burada, tek başına kurdu. Cantor, Berlin Üniversitesi'nde okumuş, orada bir matematik devi olan Karl Weierstrass'la çalışmıştı. Weierstrass gerçek sayılar hakkında anladıklarımıza muazzam katkılarda bulunmuştur: Gerçek sayı doğrusu üzerindeki sayılar ki bunlar hem rasyonel sayıları (tamsayılar ve bunların bölümleri) hem de *irrasyonel* sayıları (pi sayısı gibi, tamsayıların birbirine bölünmesiyle ifade edilemeyen sayılar) kapsar. Weierstrass, Richard Dedekind adlı bir başka Alman matematikçiyle beraber, irrasyonel sayıların tekrar etmeyen, sonsuz ondalık açılımları olduğunu anladı. Mesela 0,4848484848... sayısına kıyasla 0,1428452396... böyle bir sayıdır. 0,484848... gibi tekrarlı ondalık sayıların daima bir rasyonel sayıya eşit olduğu kanıtlanabilir; yani bunlar her zaman, bölen sıfırdan farklı olmak üzere, iki tamsayının birbirine oranı olarak ifade edilebilir. Elimizdeki örnekte bu ifade 16/33'tür.

Tekrar etmeyen ondalık sayılar (en iyi örnek pi'dir: 3,14159265359...) hiçbir zaman rasyonel sayı değildir; yani hiçbir zaman iki tamsayının oranı olarak yazılamazlar. İşte Cantor bütün bu çalışmayı genişleterek, gerçek sonsuzluğun yeni ve derinlemesine şekilde anlaşılmasına katkıda bulundu. İrrasyonel sayıların ondalık açılımlarının tekrarsız ve *sonsuz* olduğunu kavradı.

Ayrıca, sezgilerimize ters gelecek bir şeyi daha anladı: Sonsuzluğun çeşitli *düzeyleri* vardır; yani tüm sonsuz nicelikler aynı büyüklükte değildir. Hepsi sonsuz olsa da, bazı sonsuz sayılar başka bazı sonsuz sayılardan, bazı bakımlardan daha büyük olabilirler. Ayrıca Cantor, gerek irrasyonel sayılar kümesinin, gerekse tüm tamsayıların sonsuz olmasına rağmen, irrasyonel sayıların tamsayılardan *daha üst düzey sonsuzlukta* olduğunu matematiksel olarak kanıtladı. Yani, irrasyonel sayılar, tamsayılardan daha fazladır.

Georg Cantor'un sonsuzluk kavramı, döneminin matematik camiasında tartışmalı bulundu. Gerek yaptığı çalışmanın karşılanma biçimi, gerekse sonsuz hakkındaki teorilerini geliştirirken karşılaştığı güçlükler, Cantor'un yıllar boyunca akıl sağlığı sorunları yaşamasına yol açtı. Cantor ömrü boyunca dönem dönem depresyonlar geçirdi, uzun süre hastanelerde yattı ve 1918'de Halle'de bir ruh sağlığı kurumunda öldü. Sonsuzluğu dünyaya açıklayan o olmuştu. Sayı doğrusu üzerindeki herhangi iki sayı arasında bulunan sayıların, n tane tamsayı varsa 2^n tane olması gerektiğini gösterdi (burada n sonsuz bir sayıdır). "Katlanarak büyümek", "sayının kuvvetleriyle artması" ne demek biliyoruz: Demek ki bir sayının, burada 2'nin, *sonsuzuncu* kuvvetini almak, misliyle daha büyük bir sonsuzluk ortaya çıkarıyor. Böylece Cantor, gerçek sayıların (rasyonel sayılar ile pi sayısı, doğal logaritmaların tabanı olan e sayısı gibi irrasyonel sayıların) sonsuzluk derecesinin, sadece rasyonel sayılar veya tamsayıların sonsuzluk

Georg Cantor'un Derin Matematiksel Analizi

Cantor matematik tarihinin en dahiyane kanıtlarından biriyle, rasyonel sayıların (pay ve paydasında tamsayı bulunan ve paydası sıfır olmayan kesirlerin), tamsayılarla aynı "miktarda" sonsuz olduğunu gösterdi.

Cantor, kuvvetini alma (üssünü alma) işleminin, sonsuz bir niceliği bir düzeyden alıp daha yüksek düzeye taşıyan en küçük aritmetik hamlesi (ve bizim bildiğimiz tek hamle) olduğunu anladı. Kuvvetini almak, özünde, kuvvet kümesine (bir kümenin bütün altkümeleri kümesi) yükselmek demek. Bertrand Russell'ın paradoksunun paradoks olmasının sebeplerinden biri bu: Evrensel küme olamaz; çünkü hiçbir küme kendi kuvvet kümesini kapsayamaz! Yine bir örnek üstünden düşünelim; yalnızca iki ayrı elemana sahip bir kümemiz olsun. Bu kümeye X kümesi diyelim, elemanları da a ve b olsun. Bu durumda, a ve b'den ibaret iki elemana sahip X kümesinin kuvvet kümesi, X'in bütün altkümelerini içeren kümedir. O halde bu küme şunları içermelidir: 0 (boş küme), a, b ve (a, b). Bunların hepsi X'in altkümeleridir. Kuvvet kümesinin her zaman, kümenin kendisinden daha büyük olduğunu görüyoruz (çünkü X kümesinde sadece a ve b var). Kuvvet kümesinin daha çok elemanı var; asıl kümenin eleman sayısı n ise kuvvet kümesinin eleman sayısı 2^n. Dolayısıyla her küme için, kümenin kuvvet kümesi, kümenin kendisinden daima daha büyük. Eğer her şeyi kapsayan bir küme olsaydı, onun kuvvet kümesi de yine kendisinden büyük olacak, bu da o kümenin her şeyi kapsadığı varsayımını çürütecekti. Aynen rahibin dediği gibi: "Her şey her şey değildir."

derecesinden daha yüksek olduğunu ortaya koydu.

Her halukârda, Jean-Marc'ın söylediklerine dayanarak şöyle diyebiliriz: Eski Hindistan'ın Caynacıları kuvvet alma işleminin, sonsuz bir sayının kuvvetinin alınmasında sonsuzluk derecesini artırdığını, çok büyük ama yine de sonlu bir sayının kuvvetinin alınmasındaysa gerçekten çok çok büyük bir sayı verdiğini anlamış olabilirler.

"Gördüğün gibi, Eski Hintliler sonsuzluğu hemen hemen Cantor'un 1800'lü yılların sonunda anladığı kadar iyi anlamışlardı," dedi Jean-Marc.

"O zaman diyebiliriz ki sıfır, katuskoti mantığıyla Sunyata'dan geliyor," dedim, "sonsuzluksa 2 bin yıllık Hindu, Cayna ve belki ayrıca Budist matematiksel ve felsefi tefekküründen çıkıyor."

Jean-Marc, "Bence mantıklı," dedi, ama bir şey dikkatini dağıtmış gibi. Alnını ovuşturdu, uzun, kıvırcık, kır saçlarını geriye attı ve sonradan aklına gelmiş gibi, "Tamam, ama şunu söyle," dedi, "sayılar sahiden var mı?" Yine o zafer ifadesiyle baktı bana, şah-mat diyen satranç oyuncusu gibi.

"Bu bütün matematik felsefesinin en büyük meselesidir," dedim.

"Evet, muhakkak," dedi.

"Sayılar bizim en büyük icadımız, sıfır da bütün sistemin kilit taşı," dedim. "Ama sayılar bizim zihnimizin dışında da var mıdırlar, çevremizi anlamamıza yarayan kurgu rolü haricinde bir varlık mıdırlar, işte o büyük mesele. Ben de birçok matematikçinin bu konudaki görüşlerini sordum."

"Peki ne dediler?"

"Çoğu Platoncu: Sayıların insanlardan, hayvanlardan, her türlü fiziksel gerçeklikten bağımsız olarak var olduğu Platonik bir yer olduğunu düşünüyor. Diğerlerin bu konuda çeşitli başka görüşleri var. Sen ne düşünüyorsun?"

"Hindu olarak," dedi, "her yerde var olan, ilahi bir gerçekliğe inanıyorum elbette. Sana daha önce de dediğim gibi, Şiva senin benim, her şeyin ve herkesin içindedir: Biz burada olmasak da, Şiva yine buradadır. Keza sayılar ile matematiksel ve ruhani özler de öyle. İnsanın ötesine uzanan bir gerçeklik vardır ve sayılar da ona dahildir."

Bilgeliğinden, Doğu tarzı Platonizminden etkilendim. Asya'da sıfır fikrinin –ister icat edilerek, ister gizli bir gerçeklikten çıkarsanarak– keşfedilmesinin bilinen ilk somut kanıtını aramamın zamanı kesinlikle gelmişti.

Jean-Marc'a yemek ve muhteşem sohbet için teşekkür edip, yokuştan aşağı, bambu köprüye indim. Luang Prabang'a dönmek için köprü bekçisine 1 dolar verdim,

Debra'yla kafemizde buluşmak üzere şehre doğru yürüdüm.

Bir tatlı yedik. Luang Prabang, Fransız tatlıları konusunda Paris'ten sonra dünyanın en iyi yeri olsa gerek. İkimiz bir elmalı turtayı paylaşırken, ben bir isli çay içtim, Debra da kapuçino. Güneşin Mekong üzerinde batışını izledik, nehrin üstündeki incecik beyaz sisin arasından, kızılın ve turuncunun harikulade tonları... Debra'ya Jean-Marc'la konuştuklarımı anlattım. "Roger Penrose'a benziyor biraz," dedi. İkimizin de okuduğumuz bir kitaptan, Penrose'un sayıların icat mı keşif mi olduğunu tartıştığı *Gerçeğin Yolları** kitabından bahsediyordu. Sonra Debra'nın gün içinde ve az önceki muhteşem gün batımı sırasında çektiği fotoğraflara baktık.

Şehre yukarıdan bakan tepedeki saklı gizli otelimize doğru yürüdük. Bu büyülü şehre gelme amacımı yerine getirmiştim. Sıfırın ve sonsuzun kaynağı, Budistlerin, Hinduların, Caynacıların bin yıllık bilgeliğinin içindeydi. Şimdi K-127'ye dair spesifik bilgiye fena halde ihtiyacım vardı; George Cœdès'in 80 yıl önce incelediği Kmer sıfırını aramak için Kamboçya'ya gitmeye can atıyordum. Laos'un güneydoğu komşusundaki yazıtın zamanın acımasızlığına ve Kızıl Kmerler'in zulmüne rağmen ayakta kalabildiğini ümit ediyordum.

Ertesi sabah eşyalarımızı toplayıp taksiye binerek kentin ufak havaalanına gittik. Turistlerden gelen talep giderek arttığı halde havaalanı hâlâ hemen hemen boştu. Yeni bir havaalanı yapılacağından, kuzey komşu Çin'den bu tarafa yüksek hızlı tren hattı geleceğinden bahsediliyordu. Bu iki proje tamamlanınca, Luang Prabang kenti Çinli ve başka ülkelerden turistlerle dolup taşacaktı. Fiyatların yükseleceğini, yüksek otellerin yapılacağını ve bu huzurlu havanın muhtemelen değişeceğini tahmin ediyorduk.

Benden yine para cezası ödemem istenecek, bu sefer de "uygunsuz" pasaportla ülkeden dışarı çıkmam sorun

* Türkçesi: Mahir Akkaya, Alfa Yayınları, 2015 —*çev. notu.*

olacak diye biraz endişeliydim. Fakat neyse ki pasaportuma damgayı bastılar, uçağımıza binebildik. Bangkok'a döndük, Debra oradan eve doğru yola çıktı. Doğu'nun hazinesi Luang Prabang'da geçirdiğimiz ikinci balayı hemencecik bitmişti. Bense Bangkok'ta kalıp K-127'nin nerede olabileceğine dair haber bekleyecektim.

18

TAM PEŞİNE DÜŞTÜĞÜM FİKİRLERİ kafamda netleştirecek birine ihtiyaç duyduğum sırada, arkadaşım Jacob Meskin telefon etti. Princeton Üniversitesi'nde öğrenim görmüş bir felsefe profesörü olan Jacob, Doğu ve Güneydoğu Asya dinleri konusunda uzmandı. Birkaç aydır konuşmamıştık; önce ortak arkadaşlarımız hakkında biriken haberlerden ve felsefeden konuştuk. Sıfır, Sunyata ve katuskoti hakkındaki düşüncelerimi Jacob'a kabataslak anlattım. "İlginç bir bağlantı," dedi. "Aslında boşluğun asıl ilke olduğundan Nagarjuna da bahsediyor ve boşluğun, istersen boş küme de buna, 'dört köşe'nin çözümlerinden biri olduğu da doğru: Burada daha başka iyi çözüm göremiyoruz." Jacob gülerek şunu ekledi: "Budizmde bir sürü sayı var: var oluşun üç işareti, dört gerçek, sekizli yol, birbirine bağlı eş ortaya çıkışın on iki halkalı zinciri, vesaire. Sayıları anlatsana sen bana. Sıfır neden o kadar önemli? Ben bunu tam olarak anlamıyorum."

Jacob'a basamak değeri veren sıfırın, rakamların yeniden kullanımına imkân sağladığını anlattım; aynı dokuz rakamı (ve sıfırın kendisini) farklı amaçlarla tekrar tekrar kullanmamız bu sayede mümkün oluyor. Mesela 1 sayısını 1 anlamında kullanabiliriz, fakat aynı rakamı sağına bir 0 koyarak kullanırsak, bu defa 10 anlamına gelir. 4 tek başına 4'tür, peşinden iki tane 0 gelirse 400 olur. Bu artık 4 tane yüzlük, 0 tane onluk ve 0 tane birlik var demektir. İçinde 0 olmayan sayılara bile anlamını veren şey, basamak değerini ifade eden 0'ın varlığıdır. Mesela 143 sayısı, eğer 140 sayısı olmasaydı bu şekilde yazılamazdı, bu sayının boş birimleri göstermek için bir "yer tutucuya" ihtiyacı var. Sıfır olmasaydı bu sayıları böyle yazmak ve çeşitlendirmek mümkün olmazdı. "İlginç," dedi Jacob, "Nagarjuna da aslında, boşluğun bir yerden bir yere hareket edebildiğinden söz eder. Tıpkı senin yer tutucu sıfırın gibi. Belki bu sözlerinde senin bahsettiğin anlamı da kastediyordu. Ben bu konuyu, hani çocukların oynadığı ufak plastik bir kare vardır ya, onun gibi düşünmeyi seviyorum. Karenin üstünde yer değiştirebilen rakamlar vardır ama bu rakamların yer değiştirmesi, bir küçük karenin eksik olması, orada bir boşluk kalması sayesinde mümkündür. Böylece, rakamların yerini teker teker değiştirerek onları numara sırasına sokabiliriz. İşte görüyorsun, boşluk her yerde ve yer değiştiriyor; bir sayıyı belli bir şekilde yazdığında, mesela hiç on olmasın dediğinde bir gerçekliği, başka bir şekilde, diyelim sayıda hiç bin olmadığında başka bir gerçekliği yansıtıyor!" Nagarjuna'nın boşluğa ve muhtemelen sıfıra dair, dinamik, yer değiştirebilen parça görüşü kesinlikle çok ilginçti.

Jacob'a, Hindistan'da matematik, cinsellik ve dinin iç içe geçtiğini hissettiğimi söyledim. Jacob şöyle cevap verdi: "Kusuruma bakma, eminim sen de düşünmüşsündür, ama... bana öyle geliyor ki bu konuşmada sayılarla... eee... cinsellik arasında bir bağlantı var. Biraz tuhaf olabilir, ama var. Nagarjuna bunu *Mula-madhyamaka-karikas*'ın [Orta Yolun Temel Ayetleri] 24. Bölüm'ünün sonuna doğru ifade ediyor. Bu bölümde Nagarjuna kendisinin önceki 23 bölümde sunduğu görüşlere karşı çıkan bir eleştirmen hayal ediyor. Bu eleştirmenin onu hiççiliğe benzer bir şeyle itham ettiğini varsayıyor. Hayalî eleştirmen mealen şöyle söylüyor: Ey Nagarjuna, Budizmi Sunyata öğretisine çevirdin. Fakat bu, her şeyin boş olması demektir. Peki ya bu da hiçbir şeyin gerçekten doğru olmadığını söylemek gibi değil midir? Ve bu da, Buda'nın söylediği her şeyin aslında doğru olmadığı anlamına gelmez mi?'

"Nagarjuna'nın buna verdiği cevap müthiştir. Onu eleştiren kişinin her şeyi tersinden anladığını, Buda'nın bildirmeye geldiği gerçekler de dahil olmak üzere, her şeyin doğru olmasının tam da her şeyin aslında boş (Sunyata) olmasından *kaynaklandığını* söylüyor Nagarjuna. Biraz şöyle bir şey yani: 'Sunyata olmazsa hiçbir şey işlemez, doğru olmaz; Sunyata varsa her şey işler.'" Sonra Jacob durdu. "Sana Nagarjuna'nın *Mula-madhyamaka-karikas* kitabının bazı bölümlerinin internetteki çevirilerini göndereceğim. Bunlardan biri de 24. Bölüm. İstersen seninle birlikte memnuniyetle bakarım bu bölümlere. Fakat temel mesele şu: Eğer sahiden her şeyin ebedî ve değişmez özellikleri, yani bir özü, Sanskrit karşılığıyla *svabhava*'sı varsa, o zaman Buda'nın temel iddiası, yani her şeyin ancak birbiriyle işbirliği içinde, birbirine bağlı olduğu karmaşık bir dizi içinde ortaya çıktığı fikri doğru olamaz. Buda, her şeyin başka pek çok şeyle, geniş bir nedensellik ağı içinde, sonsuz bir şekilde iç içe geçmiş olduğunu söyler, öyle ki hiçbir şeyden, bağımsız, kendi özüne sahip bir varlık olarak söz etmek tam olarak mümkün değildir. Budizmin temel doğrusu olan 'birbirine bağlı eş ortaya çıkış' budur.

"Şimdi cinsellikle olan enteresan bağlantıya gelelim. Sunyata, gerçekliğin temel açıklığı, alıcılığı, değişimin, akışın ve hareketin olmasını sağlayan ve bunları içinde barındıran verimli yatak sayılabilir. Nagarjuna tarzında söylersek şöyle bir şey bu: Ancak sıfır (Sunyata) sayesindedir ki yoğunlukta (sayı) çeşitlenme olabilir. Boşluk olmasaydı hareket olamazdı; sıfır olmasaydı, sayılar olamazdı. Şimdi –artık bariz olan– şöyle bir görüş öne sürme cüretinde bulunabilir miyiz, sıfır –bir bakıma!– ilke olarak rahimdir, vajinadır ve sayılar, yani sıfırdan farklı sayısal nicelikler de ilke olarak fallustur, diyebilir miyiz? Saymak, ölçmek, hatta Gayger sayacının tıktıkları, dijital ölçümler bile... cinsel ilişkinin bir yankısı olabilir mi; sayılar yalnızca, onları kabul etmeye hazır, alıcı ve kapsayıcı bir kovuğun, artışlarına ve azalışlarına açtığı alan içinde ileri geri hareket ediyor olarak görülebilir mi?"

Jacob'ın teorisi etkileyici ve çok ilginçti; bu fikirlerin devamını öğrenmeyi iple çekiyordum.

19

İLK SIFIRIN BULUNDUĞU KMER YAZITI hakkında bilgi edinmeyi beklerken, Bangkok'ta en sevdiğim yerlerden biri olan Jim Thompson'ın evine gittim. 1906'da doğan Jim Thompson ABD'li, Princeton mezunu bir işinsanıydı ve İkinci Dünya Savaşı sırasında CIA adına casusluk yapmıştı. Sonra New York'taki başarılı kariyerini bırakıp Tayland'da yaşamaya gelmişti.

Thompson burada Tayland'a bir yabancı tarafından yapılmış en önemli katkılardan birini yaptı. Evde üretime dayanan, sönüp gitmekte olan bir sanayi kolunu, ipek üretimini tek başına yeniden canlandırdı. Thompson'ın vizyonu ve iş dünyasına dair güçlü sezgileri sayesinde Tayland birkaç yıl içinde dünyanın önde gelen ipek ve ipek ürünleri üreticilerinden biri oldu. Thompson bunu, Tayland'ın her tarafındaki küçük üreticilere, bu işi aile içinde götürenlere ipek dokumak için kaynak sağlayıp ürünün adil fiyatlarla ihracatçı firmalara satılmasına önayak olarak başardı.

Thompson, Bangkok'ta yaşayan yabancılar arasında önde gelenlerden biriydi ve yine bir başka önemli yabancı olan George Cœdès'i tanıyor olması da muhtemeldi. Kentteki yabancıların sıkı ilişkiler içinde olduğu camianın liderlerinin bir araya gelmesi için pek çok vesile vardı, ama gerçekten birbiriyle görüşmüş, tanışmış olduklarına dair hiçbir ipucu yok elimizde. Thompson, Tayland'a gelmeden önce boşanmıştı, buradaki Avrupalı ve ABD'liler arasından pek çok kadını tanıyordu; bazılarıyla yakınlaştı, ancak bildiğimiz kadarıyla uzun süren bir romantik ilişkisi olmadı.

Thompson şehrin göbeğinde, bir kanalın kıyısında bir ev yaptırdı. Buna birbirine bağlı bir dizi ev demek daha doğru olur. Nehir veya kanalların taşkınlarına karşı ayaklar üstünde yükselen, koyu kızıla boyalı bu ahşap evler,

Tayland'ın kırsal kesimlerinin tipik üslubunu yansıtıyor. Asya sanat eserleri koleksiyonu da yapan Thompson'ın evleri bugün, Asya sanatının hazine değerindeki çok güzel örneklerinin bulunduğu bir müze.

1967 yılında Thompson 61 yaşındayken üç arkadaşıyla (Thompson'ın bir kadın arkadaşı ve bir çift) birlikte komşu ülke Malezya'ya gitti. Kameron yaylaları denen ormanlık mesire yerinde, bir kır evinde kaldılar. Akşama doğru Thompson arkadaşlarına yürüyüşe çıkacağını söyledi, bir yürüyüş rotasını takip etmek üzere kaldıkları yerden ayrıldı. Onu bir daha gören olmadı.

Thompson'ın kaybolmasından birkaç saat sonra büyük bir arama ekibi toplandı, yüzlerce polis ve başka kolluk görevlileri bölgeyi didik didik aradılar. Thompson gibi önemli bir yabancının kaybolması dolayısıyla tüm dağlık alan birkaç hafta boyunca yöntemli bir şekilde tarandı. Ama Jim Thompson'a ne olduğuna dair inanılır tek bir ipucu çıkmadı bugüne kadar. Thompson'ın ortadan kayboluşu, bu tür olaylar arasında en esrarengiz olanlardandır.

Jim Thompson'ın evine, kayboluşlar üstüne düşünmeye gittim. Parlak İtalyan teorik fizikçi Ettore Majorana'nın hikâyesi de onunkine benziyor. Majorana, Roma'da Enrico Fermi'yle çalışmıştı. 1938 yılında Sicilya'dan, o zamanlar yaşadığı Napoli'ye giden bir gemiye bindi ve ardında tek bir iz bırakmadan ortadan kayboldu. Thompson gibi Majorana'nın da başına gelmiş olabilecekler hakkında pek çok tahmin ve fikir öne sürülüyor. Ortaya atılan hipotezlerden birine göre, Majorana karaya vardı ama kimseye görünmeden gemiden inip tüm dünyadan saklanmak için bir manastıra girdi; çünkü korkunç bir savaşın patlamak üzere olduğunu biliyor ve Fermi'yle kendisinin fizikte yaptıkları işin kıyamet gününü getirecek güçte bir silah yapımında kullanılabileceğini hissediyordu.

Düşündüğüm bir başka kayıp kişi de, yaptığı çalışmalar benim konuma çok yakın olan Alexander Grothendieck'ti. Grothendieck'in halen, sahiden yaşıyor olduğuna dair sağlam emareler var. Majorana ve Thompson'ın ardından hâlâ sağ olduklarını gösteren hiçbir iz kalmadı, ama kim bilir, belki ikisinden biri, belki her ikisi de, ortadan kaybolduktan sonra en azından bir süre daha yaşamışlardır.

Grothendieck'in halen sağ olduğunu biliyoruz, çünkü zaman zaman bazı bildirimlerde bulunuyor. Bunların sonuncusu, 2011 yılında, saklandığı yerden Paris'teki bir matematikçiye gönderdiği mektuptu. Grothendieck bu mektubunda kendisine ait yayımlanmış ve yayımlanmamış tüm çalışmaların derhal, özel, kamusal ya da bunların arasında kalmış her türlü dolaşımdan kaldırılmasını talep ediyordu. Şaşırtıcı bir şekilde, Grothendieck'in meslektaşları, matematik dünyasının Grothendieck tarafından yapılmış çalışmalara erişimini kaybetmesi anlamına gelen bu talebi kabul ettiler. Birkaç gün içinde Grothendieck'in yayınlarının büyük bölümü, hatta siberuzaydaki kopyalar bile dolaşımdan kaldırıldı. Ben, neyse ki, Grothendieck'in en tuhaf ve gayet hacimli (929 sayfalık) matematiksel ve otobiyografik metni *Recoltes et Semailles*'in (Ekin Biçmeler ve Tohum Ekmeler) bir nüshasını edinmiş bulunuyordum. Fransızca yazılmış, matematik, biyografik anlatımlar ve evren hakkında düşünceler arasında daldan dala dolaşan bu karmaşık belge, 1986 yılında Grothendieck'in arkadaşları arasında elyazması olarak elden ele geziyordu. Grothendieck bunu yayımlatmak istemiş, ama başaramamıştı. Fakat bu arada eser matematikçiler arasında çok tutuldu. Ama kitabın matbu veya elektronik kopyalarının çoğu, yazarının isteği üzerine yok edildi.

Bense şimdi, duruma uygun olarak, bir başka kayıp kişinin bahçesinde bir Hint inciri ağacının altında oturmuş, Grothendieck'in kitabının bendeki nüshasını okuyordum. Grothendieck daha çok küçükken, anarşist anne-babası Hanka Grothendieck ve Sacha Schapiro (hiç evlenmemişler; Grothendieck annesinin soyadını kullanıyor) 1936 İspanya İç Savaşı'nın kaybeden tarafında, Cumhuriyetçilerle birlikte savaşmaktayken, Hamburg'da ona bakan ailenin yanında, sayı fikrinin büyüsüne nasıl kapıldığını anlatıyor. Cumhuriyetçiler Franco'nun faşistleri tarafından yenilgiye uğratılıp İspanya'dan çekilirken, çift Pireneler'i tekrar aşıp Fransa'ya geçmiş, geçer geçmez de Fransız polisi tarafından yakalanmıştı. Sonunda toplama kamplarına gönderildiler. Alexander İkinci Dünya Savaşı'nı annesiyle beraber bir kampta geçirdi, babasıysa Auschwitz'te ölüme gönderildi.

Grothendieck için sayılar her şey demekti. İnsan zihninin en güçlü icadı, ondan önce var olmuş bir gerçeğin keşfi olan sayı, sihirli, hayret verici bir şeydi onun için. Grothendieck sayılar ve bunların ortaya çıkışı hakkında düşünmeden duramıyordu. *Recoltes et Semailles*'in 31. sayfasında, küçükken okula gitmeye bayıldığını anlatıyor. (Fransa'da annesiyle birlikte kaldığı, "istenmeyenler" için kurulmuş kampta okula gidebilmek çok az çocuğa nasip olan bir ayrıcalıktı.) Okuldan söz ederken, orada "*Il avait la magie des nombres*" [Sayıların sihri vardı] diye yazmış Grothendieck.

Fakat dünyada şekiller, formlar, geometri ve ölçü de vardı ve o çocuk bunu biliyor, daha okul çağındayken, Eski Yunanların uğraştığı işi tamamlamayı, sayıları şekillerle ve geometriyle birleştirmeyi hayal ediyordu. Daha 48. sayfada, "Les épousailles du nombre et de la grandeur" [sayı ile ebadın düğünü] dediği şeyden söz etmeye başlamış bile. Onu en büyük başarılarına götürecek olan da, –sayıların icadından başlayan– bu fikir. Grothendieck'in matematiğe kazandırdıkları arasında, kendisinin *motive*, *sheaf* ve *topos* adını verdiği, devrim niteliğinde kavramlar yer alıyor. Tüm bu soyut kavramlar temel olarak sayı fikrine dayanıyor ve bu fikri genişleterek teorik matematiğin son derece engin alanına taşıyor.

Cebir, "cebirsel geometri" üzerinden geometriyle ilişkilendirilir. Bu alan, Grothendieck'in en belirgin izini bıraktığı alandır. Geometri, yani şekillerin teorisi, matematiğin şekil kavramını daha soyut bir şekilde ele aldığı topoloji alanına uzanır. Topoloji, sürekli fonksiyonlar ve uzaklık kavramları ile uzayların deformasyonunu ilişkilendirir. Grothendieck'in *sheaf* ve *topos*'u tanımladığı alan işte burasıdır.

Asal sayılar Grothendieck'in çalışmalarında önemli bir yer kaplıyordu; gerçi bunlar, sayıların yapıtaşı olduklarından dolayı birçok matematikçi için önemlidir (asal olmayan sayılar, asal sayıların çarpımlarından oluşur, yani asallar temeldir). Bir derste Grothendieck bir çalışmasını anlatırken, elde ettiği genel sonuçları somutlaştırmak için çatı olarak asal sayıları kullanıyordu. Dinleyicilerden biri el kaldırıp, "Bize somut bir örnek verebilir misiniz lütfen?" dedi. Grothendieck, "Yani gerçek bir asal sayı örneği mi vereyim?" diye sorunca, dinleyici "Evet," diye cevap verdi. Grothendieck'in aklı, yaptığı son derece soyut türetme işlemindeydi ve hiç düşünmeden, "Tamam, 57'yi örnek alın" deyip tahtanın başına döndü. 57 asal sayı değil tabii; çünkü 57, 19 kere 3'tür. Bunun üzerine, Grothendieck'e duyulan sevgiyle, 57'ye "Grothendieck asalı" adı takıldı.

Kategori teorisi ve *topos* alanındaki çalışmalarıyla bizleri küme teorisinin sınırlılıklarından kurtaran Grothendieck, kümelerin ve küme elemanlarının, sayıları ilk etapta tanımlamanın en güzel yolu olduğunu da anlıyordu. Sayının gerçekten ne *olduğuna* dair bu son derece teorik tanım, insanların şimdiye kadar düşündüğü en kuvvetli fikri, yani mutlak hiçliği, boşluğu, Sunyatayı kullanıyor. Mutlak hiçlik, matematikte boş küme olarak tanımlanıyor.

Görüyoruz ki, boş kümeyi kullanarak, sayıları şöyle tanımlayabiliriz: 0 boş kümedir; şimdi 1'i, "tek elemanı boş küme olan küme" olarak tanımlayabiliriz. O zaman 2 de, iki elemanı olan kümedir, bu elemanlar boş küme, bir de boş kümeyi içeren kümedir. 3 sayısı ise, boş kümeyi, boş kümeyi içeren kümeyi, boş küme ile boş kümeyi içeren kümeden oluşan kümeyi kapsayan kümedir. Bu şekilde devam ederek, sadece boşluğu ve küme fikrini kullanarak bütün doğal sayıları (pozitif tamsayıları) tanımlayabiliriz ve bunu sonsuza kadar götürebiliriz. İç içe geçen matruşka bebekleri gibi, her sayının kendinden bir büyük sayı tarafından içerildiğini görüyoruz. Jacob, Sunyata-rahim fikrini açıklarken benim aklıma işte bu türeme işlemi gelmişti. Burada boş küme bir bakıma bütün sayıları "doğuruyor".

Büyük üstat Grothendieck bu gibi kavramlardan hareketle çok karmaşık bir matematik üretebiliyordu. Peki acaba Grothendieck Doğu'daki hiçlik kavramından, Budizmin Sunyata'sından haberdar mıydı? Evet, Grothendieck hayatının büyük bölümünü Budist olarak yaşadı. Budist olmadan önce de Budizmin barışçıl olma, başkalarına yardım etme öğretilerini ve beslenme biçimini kendi hayatında uyguluyordu. *Survivre Pour Vivre* (Yaşamak İçin Sağ Kalmak) adında, savaş karşıtı bir hayatta kalma grubu kurmuştu; mahrumiyet çeken ve yardıma ihtiyacı olan insanlara evinin kapıları her zaman açıktı ve savaş karşıtı gruplarda, çevre hareketinde aktif olarak yer alıyordu.

Grothendieck 1968 yılında (40 yaşına geldiği ve bunu bir dönüm noktası olarak gördüğü yıl) Paris'teki büyük öğrenci ayaklanması sırasında matematiği bırakma kararı aldı (ama sonraki yıllarda matematik alanında yine bir miktar eser üretecekti). Doğu'nun boşluk kavramı ve sıfır acaba bu büyük matematikçinin hayatında önemli rol oynamış olabilir miydi? Budizm, Alexander Grothendieck'in düşüncesini nasıl etkilemişti? Cevabı bilmiyordum.

20

OTELE DÖNÜP BİLGİSAYARIMI AÇINCA, heyecanla beklediğim mesajın gelmiş olduğunu gördüm. Andy Brouwer'ın arkadaşı Rotanak Yang, gönderdiği mesajda babasının Angkor Conservation (Angkor'u Koruma) adlı kurumun yöneticisi olduğunu anlatıyordu (babası İngilizce bilmiyordu). Kurum, onlarca yıldır Kamboçya tarihine ait pek çok yazıtı, heykeli ve başka sanat eserlerini koruma altına almıştı. K-127 de belki buraya getirilmiş olabilirdi. Fakat Angkor Koruma Kurumu da 1990'da, Kızıl Kmerler'in Kamboçya'ya bir kez daha şiddeti getirdikleri sırada talan edilmiş, burada korunan birçok eser yağmalanıp yok olmuştu. Dolayısıyla, eğer K-127 bu koruma kurumuna getirildiyse bile, hâlâ orada olup olmadığı belli değildi. Yang bu bilgilerin ardından şöyle diyordu: "Fakat ne ben ne de babam size bundan fazla yardımcı olamayız. Size daha fazla bilgi verebilmemiz için önce Kamboçya Kültür ve Güzel Sanatlar Bakanlığı'yla temas kurup, bizden bilgi almak için izin istemelisiniz."

Bilgisayarımı kapatıp iç geçirdim. Bangkok'a gelmiştim, kayıp yazıtı aramak üzere Kamboçya'ya gitmeyi bekliyordum; fakat hiç tanımadığım, anlamadığım bir bürokrasiyle uğraşmam gerektiğini öğrenmiştim. Bu yeni engel üstüne düşündüm ve Rotanak'a şöyle dedim: "Bu izin için nereye başvurmam gerektiğine dair bana biraz fikir verebilir misiniz? Kültür ve Güzel Sanatlar Bakanlığı'nda temas kurabileceğim bir kişi tanıyor musunuz?" Mesajı gönderdikten sonra ilham bulmak üzere şehirdeki Budist tapınaklarını gezmeye gittim.

Otelin hemen yanında, Taylandlıları ve turistleri Çao Phraya nehrinde güneyden kuzeye taşıyan vapurların yanaştığı iskelelerden biri vardı. Kalabalık bir vapura binip

Kraliyet Sarayı'na yakın bir iskelede indim. Saray kapalıydı (o gün Kral'ın doğum günü olduğu için resmî tatildi); açık kapıların birinden içeri girecek oldum, silahlı bir muhafız beni uzaklaştırdı. Yolun karşı tarafına geçtim ve daha bir sokak bile geçmeden Bangkok'taki tapınakların en büyüğü olan Wat Pho'ya geldim. Burası, meşhur altın Buda heykelinin olduğu yer. 45 metrelik, altından, yan yatıp başını eline dayamış Buda heykelini hayran hayran seyrettim. Tapınağın içinde bir yerde "Taylandlı olmayan hırsız çetelerine karşı dikkatli olunuz" yazıyordu. Gayriihtiyari elim cebime gitti: Cüzdanım hâlâ oradaydı.

İskeleye doğru giden kalabalık caddede karşıdan karşıya geçerken orta yaşlı bir adam bana doğru koştu. İçinde çıplak bir kadının fotoğraflarının bulunduğu renkli bir kitapçık açtı, "Genç kız," dedi, "genç kız." Adamı resmen iterek uzaklaştırdım. Güneydoğu Asya'nın başındaki büyük belaydı bu. ABD ordusunun savaşta yorulan askerleri Bangkok'ta dinlenip toparlanmaya gönderdiği Vietnam Savaşı yıllarından bu yana Bangkok'ta insanlar kadınları ve kız çocuklarını Batılılara satmayı kârlı bir ticaret olarak görüyordu. Ama son yıllarda ekonominin güçlenmesi bu ticareti biraz geriletmiş.

Birkaç ay önce bir uluslararası konferansa konuşmacı olarak davet edildiğim Meksiko'da *New York Times* gazetesinden Nicholas Kristof'la buluşmuştum. Kamboçya'ya gideceğimi ona söylediğimde, o da Kamboçya'dan henüz döndüğünü anlattı: "Orada bir genelevden, zorla fuhuş yaptırılan Kamboçyalı iki kızı satın aldım; serbest bırakıp kendi başlarına yaşayabilmeleri için onlara eğitim veren bir programa kaydolmalarını sağladım," dedi. Bu dünyada Nicholas gibi insanlar olduğuna seviniyorum. Benim yerimde o olsa belki bu pezevengin pazarlamaya çalıştığı genç kızın da özgürlüğünü satın alabilirdi.

Shangri-La oteline döndüğümde Rotanak'tan cevap gelmişti bile: "H. E. Hab Touch'la iletişim kurmaya çalışın," diyordu. "Bende kendisinin telefon numarası ve e-posta adresi yok, ama siz belki bulursunuz." H. E. ne demekti bilmiyordum, ama internette Hab Touch'u aradım. Bu isim Punom Pen'deki Kamboçya Ulusal Müzesi'nin eski yöneticileri arasında geçiyordu ki bu iyiye alametti. Bu adamın eski çağ tarihini çok iyi bildiğini tahmin ederek, araştırmama destek vermesini umdum. Adresini bulup ona e-posta göndererek, araştırmam için yardımlarını rica ettim. Fakat bir süre cevap alamadım.

Ne mutlu bana ki birkaç gün sonra Hab Touch'tan cevap geldi. Kendisinin ve birlikte çalıştığı insanların bu konuyla ilgileneceğini ve yazıtın nerede olduğuna dair biraz daha bilgi edinmeye çalışacaklarını söylüyordu. Bay Hab (Kamboçya'da önce soyadları sonra isimler yazılıyor) sahiden de yazıtı bulmama yardımcı olmak için epey vakit ayırdı. Sonunda bu eserin 22 Kasım 1969 tarihinde, Kamboçya'nın batı kesiminde, Angkor Wat'ın ve ormanlarla tarlalar arasındaki diğer yüzlerce küçük tapınağın bulunduğu Siem Reap'a, Angkor Koruma Kurumu adlı –Rotanak'ın babasının çalıştığı– birime gönderildiği bilgisine ulaştı. Esere bundan sonra ne olduğunu kimse bilmiyordu. Bay Hab, Siem Reap'taki müzenin müdürüyle de iletişime geçmemi önerdi. Siem Reap bölge müzesinin yöneticisi, Bangkok'taki sanat simsarı arkadaşımın da temas kurmamı söylediği Chamroeun Chhan'mış meğerse. Bu isme iki koldan birden ulaşmak beni mutlu etti. Chamroeun Chhan'a ulaşmaya çalışmayı biraz erteledim; şimdi en büyük amacım Angkor Koruma Kurumu'ndan K-127 hakkında bilgi edinmekti.

Bu bilgilerle Rotanak'a döndüm; Rotanak, Angkor Koruma Kurumu'ndaki her türlü eser hakkında daha fazla bilgi edinmek için muhakkak resmî izin almam gerektiğini bir kez daha söyledi. Bunun üzerine yeniden Hab Touch'la yazıştım ve istenen izin birkaç gün içinde çıktı. Angkor Koruma Kurumu'na girip, kayıp eseri aramak üzere Siem Reap'a gitmeme izin verilmişti. Araştırmamın artık belirli bir yerde, çok kısa süre içinde başlayacağına inanmıyordum. Elimdeki bilgileri kaydettim: K-127 steli, 1891 yılında Mekong kıyısındaki Sambor'da bulunmuştu. 1931 yılında George Cœdès tarafından okunup tercüme edilmiş. Bilinen en eski sıfırın bu yazıt üstüne olduğunu fark eden Cœdès, bu bulguyu yayımlamıştı. Stel buradan Punom Pen'deki Ulusal Müze'ye götürülmüş, Kasım 1969'da da Siem Reap'taki Angkor Koruma Kurumu'na nakledilmişti. 1990 yılında Angkor Koruma Kurumu'nda bin tane eser Kızıl Kmerler tarafından yok edilmiş veya çalınmıştı. Şimdi bu eserin bilinen en son yerinde onu aramak için izne sahiptim. Belki bulunacak belki de bulunamayacak bir şeyin peşinde, zor olabilecek bir araştırma için dikkatle planlama yaparak eşyalarımı topladım. Bu arayış uzun sürebilirdi.

21

K-127'NİN HÂLÂ VAR OLUP OLMADIĞINI, onu bulup bulamayacağımı görmek üzere Siem Reap'a doğru yola çıktım. En önemlisi, telefonda görüştüğüm Hab Touch'un, Angkor Koruma Kurulu'nda kendisine bağlı görevlilerle temas kurmamı sağlayacağını söylemesiydi; görevliler eserin yerini bulmaya çalışacaklardı.

Bu işaretlerin verdiği umutla yoldaydım. Bangkok'un ikinci havalimanı olan Don Meuang Havalimanı'na yaptığım uzunca bir taksi yolculuğunun ardından, Siem Reap'a giden Air Asia uçağına bindim. Air Asia, jetlerin kullandığı pistlerden çok daha kısa pistlerden kalkış ve iniş yapabilen çift motorlu turboprop uçağında rahat bir yolculuk sağladı. Uçak pistte birkaç dakika gittikten sonra havalandı. Ancak havayolunun yiyecek içecek ikramı yoktu, bir bardak su için bile para ödemek gerekiyordu. İnişte, uzun süren vize başvuru sürecinden geçtim, fotoğrafım çekildi, ücreti ödedim (yalnızca ABD doları kabul ettiklerini biliyordum ve buna hazırlıklıydım) ve bir saatlik pasaport bürokrasisinin ardından çıkıp bir taksiye binerek otele gittim.

Çoğunlukla Çinli turistlere hizmet veren Angkor Miracle Resort Oteli gayet rahat, üstelik de her gün buraya gelen tur otobüslerinin sayısına göre şaşırtıcı derecede sessiz sakin bir yerdi. Aylardan ocaktı, yani burada sezonun tam ortasıydı, şehir turist kaynıyordu. Taksi istedim, ama şehirde hiç İngilizce ya da Fransızca bilmeyen, "*hello, yes, no*" bile diyemeyen tek taksi şoförü bana tesadüf etti. Bunun sebebi, adamın aslında taksi şoförü olmamasıydı. Oteldeki görevli kentteki en son taksi şoförünü bulmuştu benim için. Ama bu adam bile bugün turist taşımakla çok meşgul olduğundan, beni götürme işi için babasını önermişti. Hayatımda ilk defa "*yes*" ve "*no*"nun dahi ne demek olduğunu bilmeyen bir insanla iş yapıyordum (üstelik kafayla yapılan işaretler de burada işe yaramıyor, çünkü Asya'da bunlar çoğu zaman bizim kültürümüzdekinden farklı, hatta onun tam tersi anlama geliyor).

Kamboçya'nın antik eserlerinin korunmasına adanmış küçük, uzmanlaşmış bir vakıf olan Angkor Koruma Kurumu'nun yeri, turistik haritalarda görünmüyor. Dolayısıyla orayı bulmanın her halukârda zor, iletişim kuramadığım bir şoförle ise neredeyse imkânsız olacağını biliyordum. Neyse ki oteldeki görevli Angkor Koruma Kurumu'nun yerini telefonundan buldu. Kurumun yerini haritanın üstünde işaretleyip bana verdi. Kurum Siem Reap nehri boyunda, şehir merkezinden uzaktaydı; görevlinin harita üstünde daire içine aldığı yerde Ciao adında bir İtalyan lokantası bulunuyordu.

Zor olacağını tahmin ediyordum. Taksi şoförüne haritayı gösterdim, Kmerce bir şey söyledi. Bir süre birbirimizi anlamadan karşılıklı konuştuktan sonra, adam arabayı bir yere sürdü, bense onun ne anladığından hiç emin değildim. Siem Reap hâlâ geleneksel bir Güneydoğu Asya kenti; araba sayısı nispeten az, kent sakinlerinin çoğu bisikletle veya biraz daha zenginlerse motosikletle dolaşıyor. Ücretli ulaşım genellikle tuktuklarla sağlanıyor. Motosikletlerle tuktukların yolda yer kapmak için rekabet ettiği ve bu arada trafiğin resmî akış yönünü hiç umursamadıkları bir dizi trafik sıkışıklığını aşarak yola devam ettik.

Şehir merkezinden geçip Charles de Gaulle Bulvarı üstünden kuzeye, Angkor Wat yönüne devam ettik. Yeni bir otele ait bereketli tropik bahçeyi geçip, dar bir yoldan sağa saptık; bir zamanlar asfaltlanmış olduğu anlaşılan bu yol şimdi çakıl kaplıydı ve yol boyunca, bağırarak sebze-meyve satan bir sürü sokak satıcısının tezgâhları sıralanıyordu. Nehre doğru devam ettik. Sonra sürücü bir toprak yola saptı, bir süre sarsıla sarsıla yol aldıktan sonra, nihayet, bahçesinde tavukların toz toprak içinde koşturduğu bir ufak çiftliğe geldik. Araba yaklaşırken tavuklar kaçıştı. Kimsecikler yoktu. İkimiz de arabadan indik, öylece durduk, kafalarımızı kaşıdık ve ikimize de hiçbir şey ifade etmeyen haritaya boş boş baktık.

On dakika kadar sonra, uzakta sayılacak derme çatma bir yapıdan biri çıktı, bize doğru geldi. Sürücüyle bu gelen adam hararetli bir konuşmaya daldılar, herhalde nerede olduğumuzdan ve nereye gittiğimizden bahsediyorlardı; kısa süre içinde ikisi de çok heyecanlandı, ellerini kollarını sallayıp bir orayı, bir burayı gösterdiler; sesleri gitgide yükseliyordu. Şoför sonunda arabaya döndü, kapıyı çarptı. "Burası olamaz, doğru olmasa gerek," filan diyecek oldum. Ama o bir şey anlamadı, pek umurunda da değil gibiydi. Arabayı geri vitese aldı, dar toprak yolda geri geri giderek çakıllı yola vardık. Sonra adam arabayı durdurdu, hızlı hızlı Kmerce konuşarak beklentiyle bana baktı.

Delilik ediyorum, diye düşündüm. Haritayı aldım. Hiçbir şey çıkaramadım. Buralarda Ciao diye bir lokanta da yoktu zaten. Gideceğimiz yeri bulmaya çalışarak aynı yoldan yavaş yavaş, yarım saat daha gittik, sağa sola bakındık. Sonunda artık vazgeçmemiz gerektiğine karar verdim. "Otel!" dedim. Anladı. Sabahtan beri ilk defa gülümseyerek "otel" dedi ve trafik filan derken, geldiğimizin iki katı zamanda otele döndük.

Saat ikindiyi geçmişti. Angkor Miracle Resort Oteli'nde taksiden inerken, otel girişine park etmiş beş tuktuk gördüm. Sürücüleri araçların yanında, güneşte dinleniyorlardı. İçlerinden biri, yumuşak, yuvarlak yüzlü, 16 yaşlarında, belki daha da küçük bir delikanlı beni fark edip koşa koşa yanıma geldi. "Beyim," dedi, "lütfen, lütfen beni tutun; iyi sürücüyüm ve paraya da ihtiyacım var. Lütfen." Gencin arkasındaki tuktukun üstünde kocaman harflerle "Mr. Bee" ["Bay Arı"] yazıyordu. Tuktuktan hoşlanmıyorum: Motosiklet motorunun arkasındaki oturma yerinde koruyucu hiçbir şey yok, genellikle tahtadan yapılmış bu kısımda yolculuk da sarsıntılı oluyor.

Başını kaldırmış, yüzüme bakıyordu. Ufak tefek, zayıftı, parlak gözleriyle yalvarır gibiydi. "Tabii, Mr. Bee," dedim. "Ama aradığım yer şimdiye kapanmıştır." Büyük hayal kırıklığına uğradı, başı önüne düştü; dönüp gidiyordu ki, "Yarın," dedim. "Sana söz, sahiden!" Bu tuktuk sürücülerinin "yarın" sözünü duyunca, ertesi gün muhtemelen hiçbir şey çıkmayacağını anladığını biliyordum. Müşteri başka bir şey yapmaya karar verir ya da başka bir sürücü bulurdu. "Yarın sabah saat 8'de burada ol lütfen, seni tam günlük tutacağım, söz veriyorum."

Mr. Bee gülümsedi. "Burada olacağım," dedi. İyi niyetimi göstermek için ona 2 dolar verdim.

ERTESİ SABAH SAAT DAHA 8 OLMADAN MR. BEE gelmişti bile. Otelin kapısına doğru yaklaştığımı uzaktan gördü, koşarak yanıma geldi. "Günaydın Beyim," dedi.

"Seni görmek ne güzel, Mr. Bee," dedim. Sonra haritayı gösterdim ona. "Okuyabiliyor musun?"

"Evet, okurum," dedi kendine güvenle ve birlikte haritaya baktık. Gülümsedi, "Sizi oraya götürüyorum," diyerek başına kaskını taktı. Tuktuk sürücüleri genellikle kask takmıyorlar; benim gözümde onun dikkatli olduğuna işaretti bu. Sahiden de dikkatli, akıllı ve düşünceli bir insan çıktı Mr. Bee. Tuktukun arka koltuğuna binmeme yardım etti. Bu genç adamın, hatta çocuğun, neredeyse mükemmel İngilizce konuşmakla kalmayıp, çok da zeki olduğu kısa sürede belli oldu; önceki günkü şoförden çok daha akıllıydı bir kere.

"Önce Siem Reap Müzesi'ne gidelim," dedim. "Sonra bana gereken şeyi bulmaya çalışırız." Yoğun trafikte yol alarak müzeye vardık. Mr. Bee'ye beni burada biraz beklemesini söyleyip içeri girdim. "Müdür Bay Chamroeun Chhan'la görüşmek istiyorum," dedim. Danışmadaki kadın konunun ne olduğunu sordu. "Bay Hab Touch, aradığım bir yazıtla ilgili olarak müdürünüzle görüşmemi söyledi," dedim. Kadın telefonda Kmerce konuştu. Sadece "*His Excellency* (Ekselansları) Hab Touch" dediğini anladım. İşte o zaman uyandım ki ben en baştan beri, Kamboçya'da tarihî eserlerle ilgili muhtemelen en yetkili kişiyle görüşüyordum; böyle yüksek bir saygı ifadesi, ancak çok üst düzey bir görevli için kullanılabilirdi. Rotanak'ın e-posta mesajındaki "H. E. Hab Touch" ifadesinde "H. E."nin ne demek olduğunu idrak edemeyerek ne büyük cahillik gösterdiğimi şimdi anlıyordum. Çabalarıma bu kadar destek veren bir kişiyle konuşurken gereken hitap sözcüklerini kullanmadığım için mahcup oldum. Muhakkak ki ekselanslarının, sıradan bir akademisyenin kayıp bir yazıtı aramasına yardım etmekten daha önemli pek çok işi vardı.

Telefondaki görevliyle konuşan Bay Chamroeun Chhan, benim ne aradığımı ve buraya kim tarafından yönlendirildiğimi kısa süre içinde anladı, ama akşamüstüne kadar yerinde olamayacaktı. Hab Touch'un da önerdiği gibi, doğrudan Angkor Koruma Kurumu'na gidip, eseri orada aramamı söyledi. Aradığımı bulamazsam, benimle saat 5'te müzede buluşacaktı. Görevliye teşekkür ederek müzeden ayrıldım ve yeniden Mr. Bee'nin tuktukuna bindim.

Mr. Bee yolculuğu keyifli hale getirdi; müzeden bizim gideceğimiz bölgeye, şehrin kuzeyine doğru, Charles de Gaulle Bulvarı'nın doğusundaki çocuk hastanesi civarına giden en kestirme yolu buldu. Hastaneye varınca duracağını işaret ederek "Haritaya bir daha bakabilir miyim?" diye sordu. Haritayı verdim, "Buradan döneceğiz," dedi, "Dün sizin saptığınız yerden, otelin yanından değil." Mr. Bee ne yaptığından gayet emin olarak, önceki gün saptığımız yolun hemen paralelinde bozuk bir yola girdi. İki yol birbirine çok yakındı ve çok benziyordu, ikisinin de kenarında sokak satıcıları bekleşiyor, çevrede alçak çalılıklar, ileride aynı palmiyeler görünüyordu. Fakat bu yolun girişi bulvardan hiç belli olmuyordu, ancak dikkatli bir göz seçebilirdi burayı.

Mr. Bee eliyle işaret verip, dikkatle sağa döndü. Yolun iki yanını dikkatle gözleyerek yavaş yavaş gidiyordu. Yarım kilometre kadar sonra durdu. Solda demir bir kapı vardı, kapının üstündeki küçük tabelada "Angkor Koruma Kurumu" yazıyordu. Mr. Bee hafifçe korna çaldı, bir adam gelip kapıyı tuktukun gireceği kadar araladı. İçeri girdik, bir dizi taş levhanın yanından tuktukla geçtik. 30 metre ileride büyücek birkaç baraka vardı; birinin önünde bir grup adam oturmuş, küçük bir ateşin üstünde bakır cezvede kahve yapıyorlardı. Mr. Bee onlara yaklaştı.

Kmerce uzun uzun konuştular, ellerini kollarını salladılar, ama adamlar bizim ne istediğimizi anlamadı. Mr. Bee yumuşak bir tebessümle geri döndü, "Anlamadım gitti" dercesine ellerini havaya kaldırdı.

"Müdür nerede diye sor," dedim. Yine eller sallandı, konuşuldu, konuşuldu. Sonunda işçilerden biri solu işaret etti. O tarafa gittik. 25 metre ileride basit bir ofis binası vardı. Ben içeri girdim; Bee dışarıda bekledi. Masa başındaki kadına, "Müdürü aramıştım," dedim. Beni görmezden geldi. Tek kelime anlamadığı belliydi. İçerisi çok sıcaktı; daha sabah olduğu halde, güneş ince çatıyı kavuruyordu. Durup bekledim. Sonunda, orta yaşlı bir adam çıkageldi. "Merhaba," dedim, "Kültür Bakanlığı'ndan Ekselansları Hab Touch beni buraya yönlendirdi. K-127 yazıtını arıyorum."

"Merhaba," dedi adam, "Evet, geleceğinizi bize bildirmişlerdi. Sizi bütün eski eserlerin olduğu kısma götüreyim, kendiniz bakın, oradaysa bulursunuz. 1990'da tam burada neler olduğunu biliyorsunuzdur..."

"Evet," dedim hüzünle. "Kızıl Kmerler gelip burada koruduğunuz pek çok şeyi yok etmiş. Yine de umarım ki..." Adam umutsuzca gülümsedi ve onu takip etmemi işaret etti.

Naylonlarla örtülmüş büyük bir barakaya geldik. "Burayı yağmaladıklarında onu da götürmedilerse, burada olabilir. Yaptıklarını görüyorsunuz işte." Kapalı alanın bir köşesini işaret etti; burada bir zamanlar heykel olan kırık taşlar, yığın halinde duruyordu. İç karartıcı, umut kırıcı bir görüntüydü sahiden. Adam ofisine döndü; kırık ve sağlam tarihî eserler arasında tek başıma kaldım.

Parçalanmış heykelleri görmemeye çalışarak etrafıma bakındım. Herhalde binlerce eser vardı burada, Angkor Wat'taki heykellerin başları da dahil. Heykel başları yüzlerceydi, yarısından çoğu çok zarar görmüştü. Alanın büyük bölümü, üzeri yazılı kocaman taşlarla doluydu. Ağır ağır dolanmaya başladım, her esere dikkatle bakarak teker teker geziyordum. K-127'nin, eğer hâlâ varsa ve hâlâ tek parçaysa, aşağı yukarı nasıl göründüğünü biliyordum. Kırmızı taştan bir yazıttı, boyu 1,5 metre kadardı ve üst kısmında bir kırık vardı. Bir saat dolaşıp hiçbir şey bulamadım. Moral bozucu bir durumdu, ümidimi kaybetmeye başladım.

Taş yazıtların birinin üstüne oturup alnımdaki teri sildim. Benden başka kimsenin olmadığı bu havasız barakanın içi boğucu derecede sıcak ve nemliydi. Yanımdaki şişeden bir yudum su içtim. Sıcaklık kesinlikle 37 derecenin üstündeydi. Güçsüz, ağır hissediyordum. Kendimi zorlayarak kalktım ve taşları yeniden incelemeye başladım. Bu rasgele araştırma şeklimin pek etkili olmayacağını düşünüp daha sistemli, sıra sıra bakmaya başladım. Giriş yerine gittim, ilk sıradaki taşları sonuna kadar taradım, sonra diğerine geçerek devam ettim. Bu şekilde tarayarak 1 saat daha araştırdım, ama onu yine bulamadım.

Sonunda eserlerin arkasından dolaşmaya karar verdim. Yine her esere tek tek bakarak yavaşça ilerliyordum. Kafamdaki tanıma uygun bir taşa denk geldim. Taşın arka tarafında, kırmızı taşın alt kısmına bantla yapıştırılmış eski bir etiket gördüm. Üstünde "K-127" yazıyordu! Gözlerime inanamadım. Gerçek olabilir miydi bu? Onu gerçekten bulmuş muydum?

Kırmızımtrak taşın ön kısmına baktım. İşte oradaydı: Kmer rakamlarıyla yazılmış 605 sayısını tanıdım. Sıfır bir nokta şeklindeydi, bilinen ilk sıfırdı. Gerçekten o muydu? Bir daha okudum. Yazı şaşılacak derecede netti. İçim sevinçle dolarak öylece durdum yanında. Dokunmak istedim, dokunamadım. Tek parça, oyulmuş bir taştı bu, 13 asırlık tahribata direnmiş, yüzeyi sanki ilk günkü gibi kalmıştı; rahatça, apaçık okunuyordu, pırıl pırıldı. Ama benim gözümde nazik ve kırılgandı; o kadar değerliydi ki nefesimden bile sakınmak istiyordum onu. Belki de bir

Sayı sistemimizin bilinen en eski sıfırının bulunduğu 7. yüzyıldan kalma taş yazıt K-127, bulunduğu gün çekilen fotoğraf.

düştü bu ve taşa dokunacak olursam yok olup gidecekti. Onu bulmak için ne kadar uğraşmıştım. "Matematiğin kutsal emaneti bu," diye düşündüm, "ve onu buldum".

Sahiden ne yapacağımı bilemedim. Bundan sonrasına dair hiçbir planım yoktu. Angkor Wat'ta bulunup bir kenara atılmış, eski, çoğu kırık, kumtaşından heykel başları, taş steller, oyulmuş taş parçaları ve her türden yazıtların arasında, K-127'nin karşısında öylece duruyordum. Taşın tarihi gözümün önüne geldi. 19. yüzyılda, Mekong kıyısındaki Sambor'un harabeleri arasında, o kudretli nehrin yanı başında gür ormanlar içinde bu taşın bulunduğu ânı hayal ettim. Yazıtın George Cœdès'in laboratuvarına getirilişini gördüm; sıfırın Avrupa veya Arap icadı olduğu hipotezlerini tümden çürütecek somut kanıtın, MS 683 yılına ait taş yazıta oyulmuş sıfırın tam karşısında durduğunu fark edince, Cœdès'in ne kadar sevindiğini hissettim. O makaleyi heyecanla yazışını, kıymetli 6-0-5 rakamlarının yüzeydeki dokusunu kurşun kalemle tarayarak kopya edişini, sert ve önyargılı akademik hasmına son darbeyi vurup zafer kazanışını gözümün önünde canlandırdım. Şimdi karşımda duran son derece gerçek, kırmızımsı taş, Cœdès'in ihtiyaç duyduğu kanıtı sağlamıştı. İşte o buydu, her şeyi kesinleştiren o sıfır.

Sonra ona ne olduğunu hayal ettim. Stel ilgi görmez olmuş, kimsenin ziyaret etmediği bir müzeye yerleştirilmiş, terk edilen başka eserlerle beraber meçhul bir depoya taşınmış ve Kızıl Kmerler'in ortalığı yakıp yıkarak, tarihî ya da sanatsal değeri olan her şeyi tahrip ederek, yakarak, yok ederek yarattığı yıkımları atlatmıştı. Çevresinde yıkım sürerken onun nasıl gözden kaçtığını ve zarar görmediğini hayal ettim; sonra bir kez daha taşınmış, ormanlar arasındaki bir açıklıkta, boş bir alanın ortasındaki şu barakada terk edilmişti. Gözlerimi kapatıp üzerimdeki gerilimi attım. Bir kere daha, işte karşımdaydı. K-127. Antik rakamlara çok dikkatle baktım.

Dört senelik sıkı çalışmanın ardından Cœdès'in yazıtını bulmuştum. Dedektif gibi araştırma yapmış, ne çok yazışmış, ne çok insanla konuşmuş, ricalarda bulunmuştum. Kamboçya Kültür ve Sanat Bakanlığı'nın Kültür İşleri Daire Başkanı da dahil, Kamboçya devletinin en yüksek makamlarının büyük desteği vardı bu işte. Sloan Vakfı'nın, bir araştırmacının ortak tarihimizin kayıp bir parçasını bulmasına yardım eden akıllı ve nazik yöneticilerinin katkısını da unutmamalı. Sevinç içindeydim. Aradığımı bulmuştum. Şimdi bu yazıtın fotoğrafını çekecek, evime dönecek ve bu başarıya ulaşana kadar olan biten her şeyi yazacaktım.

Evet, insanlığın ilk sıfırını üstünde taşıyan bu kırmızı taşı sonunda bulmuştum. Onca zaman sonra, eldeki son bilgilere göre bu sıfır hâlâ, bilinen ilk sıfırdı. Yazıtın yanında sessizce durdum ve bir sürü fotoğrafını çektim.

Ve sonra hayatımın hatasını yaptım.

K-127 stelinin yüzeyindeki, 605 sayısını da içeren antik yazı.

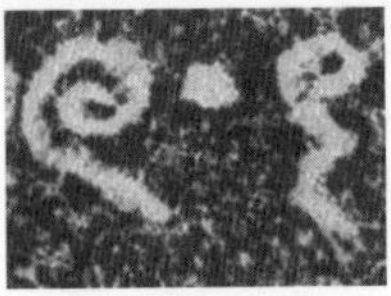

Yukarıdaki fotoğraftan alınan 605 sayısı; ortadaki nokta 0'dır.

K-127'nin kırık olan üst kısmı. 605 sayısı, alttan ikinci satırda görülüyor.

Yazar ve K-127; buluntunun doğrulanmasından hemen sonra.

22

STEVEN SPIELBERG'İN *KUTSAL HAZİNE AVCILARI* filminin başında, Harrison Ford'un canlandırdığı Indiana Jones, Güney Amerika'da bir ormanda korkunç maceralar yaşar; bir telin harekete geçmesiyle canlanan iskeletler, hazinenin saklandığı yere girmeye cüret eden yabancıya zehirli oklar fırlatır. Sonra Indiana Jones tüm tehlikelerden kurtulup tüm zorlukları aşarak ödülü bulur, altın heykelciği alır. Ama tam bu büyük macera bitiyordur ki, en büyük düşmanı, Nazilerle işbirliği yapan Fransız arkeolog René Belloq çıkar karşısına. Belloq ona silah çekip ödülü kapar ve "Bir kez daha, Dr. Jones, kısa süreliğine senin olan şey şimdi benim oldu!" der, paha biçilmez tarihî eseri alıp kahkahalar atarak uzaklaşır.

Fakat Jones akıllı ve kurnazdır, düşmanı tarafından sadece kısa süreliğine safdışı bırakılmıştır. Bense aptalca davranmıştım. Dilimi tutup oradan ayrılmış olsaydım eğer, hikâye burada bitecekti. Ama tıpkı çenesini kapalı tutamayan karganın peyniri kurnaz tilkiye kaptırdığı gibi, ben de ağzımı açtım. Indiana Jones'un azılı rakibi bir Fransız erkek arkeologdu, benimkiyse bir İtalyan kadın arkeolog olacaktı; Palermolu, Sicilyalı biri.

Ben hâlâ hayretle ve hayranlıkla K-127'ye bakarken, dünyanın öbür ucundan beni buralara getiren bu olağanüstü yazıtı izlerken, Kamboçya ormanlarının arasında, tarlaların ortasında bulunan bu neredeyse unutulmuş tesisin belki de nadiren ayak basılan bu barakasına, laboratuvar önlükleri içinde iki kadın girdi. İki araştırmacı yüksek sesle İtalyanca konuşuyorlardı.

Annemle babamı, gemide geçen çocukluğumun mutlu anılarını hatırladım. Gemimiz İtalya limanlarına sık sık uğrardı; İtalyancayı çok sever ve iyi İtalyanca konuşurum. Babam kaptan olmadan önce İtalya'da, Trieste'de denizcilik okumuş; İtalyancayı kendi kendine çalışarak öğrenen annemse Dante Alighieri İtalyan kültür derneğinin Hayfa şubesi başkanıydı. İtalyanca konuşmayı özlemiştim, Asya'da buna pek fırsat da olmazdı. Üstelik K-127'yi yeniden bulmuş olmanın sevinci beni daha bir konuşkan yapmıştı; heyecan verici keşfimi başka insanlarla paylaşma ihtiyacı ve arzusu içindeyim.

İki kadının yanına gidip sohbet etmeye başladım; onlar da dillerini bilen biriyle konuşmaktan memnun gibiydiler. Tanıştık, adları Lorella Pellegrino ve Francesca Taormina'ydı. Taormina sarışın ve zayıftı. Pellegrino'ysa iri yarı, neredeyse 1,80 boyundaydı, yüzü yuvarlak, kıvırcık saçları koyu renkli ve gürdü.

Yazılı, kırmızımtırak taşı gururla gösterip, "Bu K-127," dedim, "üstünde tarihin bilinen en eski sıfırı var". Taşa şöyle bir baktılar ve aynı anda "Sahi mi?" dediler. Sonra Pellegrino "Ne harika!" dedi, "Bizi bundan haberdar ettiğin için çok teşekkürler." Taşa doğru döndü, elindeki küçük sopayla taşın tepesine, yazıtın yüzyıllar önce kırıldığı yere öylesine vuruverdi. Küt diye bir ses çıktı taştan. Neredeyse düşüp bayılacaktım. Nasıl bu kadar kaba ve umursamaz davranabilirdi, o sert sopayla böylesine değerli bir esere nasıl vururdu? Elimde olmadan irkilmemi fark etmedi. "Francesca'yla ben de tam, buradan rasgele bir parça seçip restore etmeye gelmiştik işte; arkeoloji öğrencilerimizle uygulama yapacağız da. O zaman bunu seçelim, madem bunun çok önemli bir parça olduğunu söylüyorsun."

Mideme yumruk yemiş gibi oldum. "Ne yaptım ben?" dedim içimden. Bu iki İtalyan, *benim* bulduğum şeyi, hem de gözümün önünden, benden kaçırıyorlardı! Onu bunca yıl aradıktan sonra! Bu eserin bilim tarihi açısından ne anlama geldiğini biliyorlar mıydı ki? İtalya ile Kamboçya arasındaki bir anlaşmayla buraya geldiklerini anlattılar. Kamboçya, köklü bir tarihe sahip bu bölgede bulunmuş çok sayıda değerli tarihî eser üzerinde çalışacak, eserleri müzelerde ve sergilerde sergilemek üzere onları temizlemeyi, kataloglamayı ve hazırlamayı öğrenecek arkeologlara ihtiyaç duyuyordu. Palermo Üniversitesi'nden gelen bu iki Sicilyalı arkeolog, Angkor Koruma Kurumu'na yakın bir yerde Kamboçyalı öğrencilere eğitim veriyordu; böylece onlar da gelecekte ülkelerinin tarihî mirasının korunmasına katkıda bulunacak yetkin arkeologlar olacaklardı.

Pellegrino ve Taormina, tamamen tesadüf eseri bugün, öğrencileriyle birlikte arkeolojik "restorasyon" çalışması yapacak herhangi bir eski eser almak için Angkor Koruma Kurumu'nun barakasına gelmişlerdi. Onlara karşı çıkıp itiraz etmeye çalıştım; K-127'nin tarihsel açıdan müthiş öneme sahip, pahabiçilmez bir eser olduğunu, öğrencilerin hata yapa yapa öğreneceği, üstüne boya dökeceği, zamana direnmiş yüzeyini çizip bozacağı, hatta delip hasar vereceği bir deney malzemesi olamayacağını söyledim. İtirazlarımı duymazdan geldiler.

"Demek meşhur bir eser bu," dedi Pellegrino kendinden memnun bir gülümsemeyle. "Güzel! Ben öğrencilerin değerli bir parça üzerinde çalışmayı tecrübe etmesini istiyorum, değersiz eski bir taş olmasın. Bunu bize gösterdiğin için çok teşekkürler." Cevap vermeme kalmadan barakadan çıktılar; ağır taşın kendi laboratuvarlarına taşınması için işleri ayarlamaya gidiyorlardı. Kendimi silik ve güçsüz hissettim.

Ne yapabilirdim? Pellegrino ve Taormina, Siem Reap'a Kamboçya Hükümeti'nin davetlisi olarak gelmişlerdi. Kamboçyalılar onların kararına karşı çıkmaya cesaret edemeyecekti; uzak bir ülkeden gelmiş saygın öğretim üyeleriydi onlar, Kamboçyalılara incelikli teknik beceriler öğretmek üzere buraya çağırılmışlardı. Bense sadece misafirdim, belirli bir eseri aramak için tesise girmesine sınırlı izin verilmiş biriydim; ben kimdim ki işlerine karışacaktım? K-127'nin sahibi değildim, haşa. Ülkelerin arasındaki anlaşma gereği, bütün bölgede bulunan eserler bu iki İtalyan profesörün kontrolündeydi. Onlar ne isterlerse yapabilirlerdi ve K-127'nin kendi laboratuvarlarında bir öğrenim aracı olarak kullanılmasına karar vermişlerdi. Hiç kimseye hiçbir açıklama yapmaları gerekmiyordu.

Ben bu esere dokunulmasını dahi istemiyordum. Onlarsa şimdi bunu "restore" edeceklerdi, öyle mi? *Nesini* restore edeceklerdi ki? Eser bu haliyle kusursuz görünüyordu. Taşın üstüne yazılar kazındığından beri geçen 1330 yılda, aşınmanın izleri şaşırtıcı derecede azdı; üst kısmı, bu yazıt 19. yüzyıl sonunda bulunduğu zaman da kırıktı, hani Pellegrino'nun az önce sopayla vurduğu kısım. Bunun dışında stel olağanüstü iyi korunmuş durumdaydı. Bunu restore etmeyi kim isterdi ki? Pellegrino ve Taormina öğretmendi herhalde; öğrencilerine, eserlerin nasıl restore edildiğini göstermek istiyorlardı. Hangi eseri seçerlerse seçsinler, onu restore etmekteki tek amaçları öğrencilerine bu işi öğretmek olsa gerekti. Halbuki böyle bir eseri restore etmek, insanlığın büyük bir becerisinin kanıtı olan bozulmamış bir tarihî esere geri dönüşsüz zararlar verme riskini getirmekten başka bir şey değildi.

Pellegrino'yla Taormina gülümseyerek barakaya döndüler. Pek memnun görünen Taormina, "Birkaç hafta içinde laboratuvarımıza taşınacak," dedi. Sonra Pellegrino bana dönüp, "Ziyaretimize geldiğinizde yazıtı çok güzel, restore edilmiş halde bulacaksınız," dedi. Bense içimden "Aman Allahım," diyordum, "K-127'yi onlardan kim kurtaracak şimdi?" Kızgındım, bozguna uğramış gibi hissediyordum ve hızla bir çözüm düşünmeye çalışıyordum.

K-127, Kamboçya halkına aitti ve bir müzede, olduğu haliyle sergilenmeyi hak ediyordu. Pellegrino'nun neden ısrarla onu laboratuvarına götürmek istediğini anlamıyordum: Restorasyon işini öğretmek için bu kadar önemli bir esere neden ihtiyaç duysundu ki? Bana çok anlamsız geliyordu. Onun başka bir amacı olduğundan şüphelenmeye başladım: Mesela bu konuda akademik bir makale yazıp, bunu kendi keşfi gibi göstermeye mi çalışacaktı acaba?

Bir mesele daha vardı. Arkeolojinin yüz yıldır uğraştığı bir konuydu bu. 20. yüzyıl başlarında, büyük İngiliz arkeolog Arthur Evans, Girit'in kuzey kıyısında, Knossos'ta efsanevi Kral Minos'un sarayını bulmuştu. Homeros'un, yarı insan yarı boğa Minotauros'un hapsedildiği labirentin olduğu yer diye tarif ettiği yerdi burası. MÖ 1628'de Santorini adasında yanardağ patlamış, bu patlamanın oluşturduğu tsunami dalgaları sarayı ve kenti yok ederek bütün Minos uygarlığını aniden sona erdirmişti.[1]

Evans yenilikçi –ve tartışmalı– bir şey yaptı. Knossos Sarayı'nı "restore" etti. Bir zamanlar bir aslan heykelinin durduğu yere, başka bir yerde bulunmuş bir heykel koydu; üstünde kırmızı boya izleri gördüğü eseri, kırmızı boyayla yeniden boyattı. Minos uygarlığı zamanında kanalların yapılmış olduğunu düşündüğü yerlere yeniden kanal yaptırdı. Denize bakan üstü kapalı bahçelerin bulunduğu yerlere yeni çatılar taktırdı. Sonuç olarak bugün Knossos'a gitmek dünyanın diğer ören yerlerine gitmekten epey farklı bir deneyim. Evans'ın Knossos'ta yaptığı şey daha önce yapılmamış –en azından bu kadar ileriye götürülmemiş– bir şey, tekrar yapılacak bir şey de değil muhtemelen. Bugün Knossos'ta, Knossos'un eskiden nasıl olduğuna dair Evans'ın *görüşünü* görüyoruz; eski Knossos belki hiç de böyle bir yer değildi.

K-127'den uzaklaşırken Pellegrino, "Ee, hazır buradayken bizim laboratuvarı görmek ister misiniz?" dedi. "Yakında K-127'yi oraya taşıyıp üzerinde çalışmaya başlayacağız." Klimalı küçük binaya girerken dizlerim titriyordu. İçeride Kamboçyalı genç birkaç öğrenci, 15. ve 16. yüzyıla ait (yani Angkor sonrasına ait) ahşap Buda heykellerini restore ediyordu. Kısa, kır sakallı, orta yaşlı bir İtalyan profesör yapılan işi denetliyordu. Pellegrino beni onun yanına götürdü.

"Profesör Antonio Rava," diyerek bizi tanıştırdı. Rava, Kuzey İtalya'daki Torino Üniversitesi'ndendi ve o bölgenin tipik aksanıyla konuşuyordu (İtalya'nın diğer yerlerinde r

1 Thera patlamasının radyokarbon yöntemiyle kesin tarihlenmesi konusunda bkz. Amir D. Aczel, "Improved Radiocarbon Age Estimation Using the Bootstrap," *Radiocarbon* 37, no. 3 (1995), s. 845-49.

harfi genellikle belirgin söylenirken, burada Fransızcadaki gibi yumuşak telaffuz edilir). Rava mükemmel İngilizcesiyle, "Gördüğün gibi Angkor sonrası döneme ilgi duyan pek kimse yok," dedi, "dolayısıyla hepsi bize kalıyor diyebiliriz. 15. yüzyılda Angkor İmparatorluğu yıkıldıktan sonra yapılan bu ahşap Budalar kimsenin umurunda değil. Biz de onları restore edip güzelleştiriyoruz işte." "Tabii ya," dedim içimden, "şimdi de bu ülkede bulunmuş en önemli tarihî eserlerden birine canınız ne isterse yapacaksınız, yetkililer size eski eserleri uygun gördüğünüz gibi değerlendirmeniz için açık çek vermiş nasıl olsa." Ama kibarca gülümseyip Rava'yı izledim.

Laboratuvarı dolaştık. Öğrencilerden biri, bir zamanlar varaklanmış olduğuna dair izler taşıyan ahşap bir Buda heykelini modern altın rengi boyayla boyuyordu. İki öğrenci bir başka heykele yeni bir kaide takmaya çalışıyordu. Kaideyi heykelin içine itiyor, çeviriyor, ona çekiçle vuruyorlardı. Rava onlara bazı şeyler söyleyip biraz yardım etti. Sonunda yüksek sesle, "Uydu!" dedi, herkes alkışladı. Peki bu kaide nereden gelmişti? Kimse bilmiyordu. Rava, parçanın laboratuvarın dışındaki bir heykel yığınında bulunduğunu anlattı. Heykellerden birinin kolu yoktu, Kamboçyalı bir başka arkeoloji öğrencisi de buna bir kol takmaya çalışıyordu; o kolun kim bilir nereden bulunduğunu düşünmeden edemedim.

Evans'ın yapacağı türden bir arkeoloji çalışması bile değildi bu. Kötü bir taklitten ibaretti. Konservatörlerle sohbetlerimden, bu alandaki güncel yöntemlerde artık eserin zararlılar ve hava koşulları nedeniyle daha fazla bozulması engellenecek şekilde sabitlenmesinin amaçlandığını biliyordum; eserin bütünlüğünü korumak, onu mümkün olduğunca değiştirmemek çok önemliydi. "Buralara döndüğünüzde, K-127'nin ne kadar güzel restore edildiğini, pırıl pırıl olduğunu göreceksiniz," dedi Pellegrino, laboratuvar turunun sonunda beni uğurlarken. Yüzünde sinsi bir gülümseme görür gibi oldum; "Kısa süreliğine senin olan şey şimdi benim oldu!" der gibiydi. Belki de bugünün büyük

Profesör Antonio Rava ve Lorella Pellegrino, Siem Reap'ta laboratuvarda.

heyecanları ve gerilimi dolayısıyla fazla hareketlenen hayal gücümle ben öyle algılıyordum.

AYAKLARIM GERİ GERİ GİDEREK, içim buruk bir şekilde Siem Reap'tan ayrılıp, Bangkok'a döndüm. Beni Cœdès'e yönlendiren, British Columbia Üniversitesi'nden matematikçi Bill Casselman'a e-posta yazıp olanları anlattım. Çok öfkelendi. "Ya onu İtalya'ya götürürlerse?" diyordu. "Çektiğin fotoğraflardan, yazıtın mükemmel durumda olduğu ve yüzeyinde pahabiçilmez bir patina* olduğu belli oluyor; eğer onların müdahalesiyle bozulursa, matematik tarihi açısından çok değerli olan bu buluntu değerini yitirecek, tamamen kaybolacak." Casselman'a göre, Lorella

* Eski eserlerin yüzeyinde zamanla oluşan ince tabaka —*çev. notu.*

Pellegrino'nun eseri kendi keşfi gibi gösterip itibar kazanma peşinde olduğu açıktı. Casselman ona mektup yazmayı teklif etti; bunun üzerine ikimiz, tarihçiler ve matematikçiler adına Pellegrino'ya e-posta mesajları göndererek esere dokunmamasını rica ettik.

Uykusuz geçirdiğim gecenin ardından, 3 Ocak'ta Pellegrino'nun cevabı geldi. Biraz insafa gelmişti, eseri "restore" etmeyeceğini yazıyordu. "Ancak eseri derinlemesine inceleyeceğim ve sonuçları bilim dünyasına bildireceğim" demişti bana, İtalyanca olarak. Bunu, eseri kendi buluşu olarak gördüğü şeklinde anladım. Söylediği gibi, ona zarar vermeyecek olması nedeniyle rahatlamıştım. Yine de K-127'yi daha kalıcı bir şekilde koruma altına alabilmek için bir şey yapmamız lazımdı. Fakat ne yapacaktık? "Belki bunu unutur gider, diğer işlerine bakar," diye yazıyordu Debra. Ama içimde bir his, Pellegrino'nun durmayacağını söylüyordu. Önemli bir buluntuya rastlamıştı; bunu kendine mal etmek için elinden geleni yapacağını düşünüyordum. Belki de bütün bu restorasyon öğretme safsatası sadece bir kandırmaca, eseri ele geçirmek için bahaneydi.

23

ON İKİ GÜN GEÇTİ. SONRA DEVAMI GELDİ: Pellegrino'nun başka planları da vardı. 15 Ocak 2013'te bana gönderdiği e-postanın konu satırında "K-127 için yeni yer" yazıyordu. Mesajında koca taş yazıtı kendi laboratuvarına taşıttığını ve "üzerinde yapısal ve bakteriyolojik" çalışmalar yapmaya pek yakında başlayacağını yazıyordu Pellegrino. Mesajın ekinde gönderdiği fotoğrafta, İtalya'dan gelen seçkin bir erkek profesör eserin yanında duruyor, Pellegrino da adama yazıtı gururla gösteriyordu. Fotoğrafı Casselman'a gönderdiğimde, küçümseyerek "Neye baktığını bile biliyor mudur bu adam acaba?" dedi.

O "yapısal ve bakteriyolojik incelemeler" başlayınca olacaklardan korkuyordum. Taş yazıt gayet okunaklıydı. Yapılması gereken tek şey onu bir müzeye yerleştirmekti; böylece matematikçiler, bilim tarihçileri ve genel kamuoyu eseri görebilecekti. Ama Pellegrino, harika bir şekilde ağına düşüvermiş koskoca bir balıktan vazgeçecek gibi değildi. Kendi deyimiyle bu "değerli buluntu" üstünde (İtalyanca *prezioso* [değerli] kelimesini kullanıp duruyordu) ille bir iz bırakmayı, ona imzasını atmayı amaçlıyor gibi bir hali vardı.

Sanki bana eziyet etmek ister gibi (ya da ben öyle algılıyordum) 2-3 günde bir İtalyanca e-postalar gönderip yazıta ne yaptığını anlatıyordu. "Öğrencilerimle birlikte K-127'nin üç boyutlu incelemesini yeni tamamladık," diyordu. Bir gün sonra bir mesaj daha: "Pek yakında K-127 üzerinde radyolojik incelemeye başlayacağım; sana haber veririm." Ardından bir başka inceleme geliyordu. Pellegrino'nun her mesajında bir kere daha üzülüyor, hem ona, hem de çenemi tutamadığım için kendime bir daha kızıyordum.

Ama bu hatayı düzeltmek için kararlılığım da bir o kadar artıyordu. Bana Chamroeun Chhan'ın adını vererek doğru iz üstünde ilerlememi sağlayan Bangkok'taki yeni arkadaşım, sanat simsarı Eric Dieu'ye danıştım. Yanına gittiğimde galeride oturmuş, kıymetli sanat kitaplarından birini okuyor, belki de elindeki pahabiçilmez heykellerden birine paha biçmeye çalışıyordu. "Ah, merhaba Mösyö Aczel," dedi, "Kamboçya nasıldı?" Ona yaşadıklarımı, kayıp K-127'yi bulduğumu anlattım önce; sonra karşısına oturdum, yüzümü ellerimin arasında aldım, "Ama onu kaybettim..." dedim. "Aptalca, aptalca bir şekilde kaybettim. Sicilyalı bir arkeoloğa bu eserin önemini anlattım ve kaybettim. Herhalde, eser bu kadar önemli olduğu için, keşfi sahiplenmek istiyor."

"Üzüldüm buna," dedi Dieu. "Şimdi dünyanın bir yerinde bir müzayedede satılıp, bilinmeyen bir koleksiyoncunun eline düşecek muhtemelen."

Dieu insanın moralini nasıl yerine getireceğini biliyordu doğrusu. "Yapabileceğim bir şey var mı sizce?" diye sordum.

"Hayır, ne yapılabileceğini bilmiyorum," dedi. "Bunun önemli bir şey olduğunu hissediyordur, ama herhalde neden önemli olduğunu anlamıyordur." Dieu bir Kuzey Avrupalı olarak, arkeolog olsunlar ya da olmasınlar, Sicilyalılar hakkında olumlu bir izlenime sahip değildi belli ki. Sicilya mafyasının K-127'yi ele geçireceğine dair espriler yaptı. Bence durum onun düşündüğü kadar kötü değildi, ama yine de eser için endişe ediyor, başına geleceklerden korkuyordum.

Zararı değerlendirmeye çalıştım. Pellegrino neyin peşindeydi? Birkaç ton ağırlığındaki taşı satmaya çalışabilir miydi cidden? Peki onu nasıl Kamboçya'dan dışarı çıkaracaktı? Bu bana pek makul gelmedi; herhalde bir sanat simsarının bakış açısından böyle görünüyor, diye düşündüm. Bence Pellegrino, asıl işi araştırmacılık değil öğretmenlik olan düşük seviyeli bir akademisyen olduğu için, isim yapmanın peşindeydi; K-127 hakkında akademik makaleler yazıp aslında kendisinin bulmadığı bir buluntu üstünden itibar kazanacaktı; belki de bu yolla statüsü yükselecekti. New England'daki küçük bir üniversitede profesör olarak geçirdiğim yıllarda, akademik dünyada böyle hesapların ne kadar yaygın olduğunu gayet iyi öğrenmiştim. Ama neden bana eser hakkında bu kadar çok e-posta gönderiyordu? Buna anlam veremiyordum. Yaptığı ve yapmaya devam ettiği şey konusunda benim onayıma mı ihtiyaç duyuyordu? Bana tuhaf gelse de, makul bir varsayımdı.

Pellegrino'nun bu kez de bir İtalyan malzeme bilimi uzmanının K-127'yi inceleyip eserin yapısal stabilitesini tespit etmesini beklediğini yazması üzerine artık sabrım taştı. Bu testlerin esere sahiden zarar vereceği korkusuyla ona şöyle yazdım: "Bu eser matematikçiler ve bilim tarihçileri için önemli bir eserdir. Bulunması da benim yıllardır sürdürdüğüm araştırmaların sonucudur. O barakada, sizinle tanıştığımız gün tesadüf eseri bulunuyor olmasaydım, sen K-127 ve onun önemi hakkında hiç ama hiçbir şey bilmiyor olacaktın." Bunun ardından, Pellegrino'dan bir hafta ses-seda çıkmadı. Casselman "Ona öyle bir mesaj yazmak akıllıca mıydı sence?" diye yazdı. Doğrusu, haklıydı muhtemelen. Ertesi hafta Pellegrino'dan kısa bir mesaj geldi. "Ne zaman istersen gelip K-127'yi görebilirsin. 15 Mayıs'a kadar hafta içi her gün saat 9-12 ve 2-5 arasında öğrencilerimle birlikte laboratuvarda olacağım." Yazdığı bundan ibaretti. Kafamı kaşıdım. Pellegrino'nun cevapları aklımı karıştırıyordu. Yapısal analizler her zaman müdahil olmayan incelemeler değildi, bu noktada onun, başta planladığı gibi eseri "restore" etmeye kalkışmayacağından hiç emin değildim. Neticede Pellegrino'nun laboratuvarı restorasyon laboratuvarıydı, eğitimini aldığı ve öğrettiği şey restorasyondu. Endişe ve hayal kırıklığı içinde evime döndüm. Lorella Pellegrino'dan bir daha hiç haber almadım.

"Hayır, pes etmiyorum," diye düşündüm. "Gerekirse paramı son kurşuna kadar harcayıp, K-127'yi yok edilmekten kurtaracağım." Yeniden Kamboçya'ya gitmenin planlarını yapmaya başladım. Bu kez amacım öncelikle

Kamboçya Kültür ve Güzel Sanatlar Bakanlığı'ndan Ekselansları Hab Touch'la görüşmekti. Hab Touch'la Punom Pen'de görüşebileceğim bir tarih ayarlamak için kendisiyle epeyce yazıştım. Sonunda, 23 Mart 2013 günü birlikte akşam yemeği yemek üzerine anlaştık. Bunun birkaç gün öncesinde Bangkok'a gidip şehir merkezindeki Hansar oteline yerleştim. Güleryüzlü çalışanları olan, rahat bir oteldi; geniş odamda giderek artan çalışma materyallerime yetecek alanım da vardı, ama nehrin tam kıyısında, tropik ormanlar arasında bir yüzme havuzu olan Shangri-La oteli gibi değildi tabii. İlk işim Eric Dieu'ye gitmek oldu.

Bu durumda nasıl davranmam gerektiği konusunda Eric'in fikrini almak istiyordum. Eric yine galerisinde, keyifli ve rahat bir havada oturuyordu. Şık giyinmişti ve açık kadranlı pahalı altın saatini takmıştı yine. "Sizi hangi rüzgâr yine Bangkok'a attı böyle?" diye sordu.

"Birkaç gün sonra Punom Pen'de, Kamboçya Kültür İşleri Daire Başkanı'yla görüşeceğim," dedim. "Onu, K-127'yi Sicilyalı arkeoloğun elinden kurtarıp müzeye yerleştirmeye ikna edebilmeyi umuyorum."

"Eh, ben olsam bundan pek umutlu olmazdım," dedi.

"Neden?"

"Bakın, bu insanların nasıl düşündüğünü anlamanız gerek. Burada milyonlarca sanat eseri var ve onlar için fazla bir şey ifade etmiyorlar. Müzelerin alt katlarında, her türden depolar dolusu heykel, oymalı, yazılı steller var. Bangkok Müzesi'ni gördünüz mü mesela?"

Gördüğümü söyledim ve müzenin durumunun sahiden de içler acısı olduğunu kabul ettim; yerler pislik içindeydi, duvarların boyaları dökülüyordu. "Eğer elinizden gelirse," dedi Eric, "daire başkanını K-127'yi Avrupa veya Amerika'da bir müzeye göndermeye ikna edin; orada değeri çok daha iyi bilinecektir."

Bu sevimsiz ihtimali bir anlığına düşündüm: Ben eserin Kamboçya'ya ait olduğu kanaatindeydim; başka yere ait değildi. Eric devam etti: "Bu insanların tek derdi paradır. Yazıtı gerçekten isteyen tek kişi de sizin şu Palermolu arkeolog, anlaşılan. O da, eğer bunu bilim için istiyorsa, bir de, sizin düşündüğünüz gibi, önemli bir buluntuyla isim yapmak niyetindeyse, başkaları eseri onun elinden kolayca çalabilir."

"Nasıl?" diye sordum. K-127'nin hiç olmazsa ülke dışına çıkarılmamak bakımından güvende olduğunu sanıyordum; hele de birkaç ton ağırlığında olduğu düşünülürse.

"Şıp diye," dedi parmaklarını şıklatarak. "Bir sandığa yerleştirirler, trenle Tayland'a yollarlar, oradan bir gemiye bindirilir ve çok geçmeden Avrupa'da, ABD'de bir koleksiyoncunun eline düşer. Bu konularda saf olmayınız, profesör... Her türlü şeyin kaçakçılığı kolayca yapılabilir, hele de işin içinde çok para varsa. Ve sizin anlatımınıza göre, bu stel, tarihî öneminden ötürü milyonlarca dolar eder. Hem, kim bilir... belki de çoktan uçmuştur bile, sonsuza dek kaybolmuştur."

Eserin henüz hâlâ Siem Reap'ta olması gerektiğini, zira Pellegrino'nun mesajında bana ne zaman istersem gelip onu görebileceğimi yazdığını anlattım. O sırada uzun boylu, sarışın bir kadın gelip Eric'in yanında durdu. "*Votre femme?*"* dedim, "*Madame Dieu?*" Eric gülümseyerek başıyla onayladı, eşiyle tanıştım. Artık gitme vaktim gelmişti. "Elimden geleni yapacağım," dedim.

"Umarım eseri kurtarabilirsiniz," dedi. "Şerefli bir emel. Onu bilim adına, tarih adına kurtarmak için gösterdiğiniz çabayı alkışlıyorum..."

* "Eşiniz mi?" (Fr.) —*çev. notu.*

24

23 MART 2013 GÜNÜ, trenle Bangkok'un Suvarnabhumi Uluslararası Havaalanı'na gelmiş, Bangkok Havayolları'nın Punom Pen'e gidecek uçağını bekliyordum. Aklımda, kurtarmaya çalıştığım eser vardı: Acaba hâlâ Kamboçya'da mıydı? Onu kurtarmak mümkün müydü? Yine kendimi suçladım: Öyle boşboğazlık etmeseydim, şimdi bu durumlara düşmeyecektim.

Kimi insanlar rahatlamak için balık tutar, kimisi bulmaca çözer, ben de asal sayıları düşünürüm. Sayıların gelişimi açısından onca önem taşıyan bu yazıtın kendi sayısı da ona yakışır güzellikteydi. 127 asal sayıdır, üstelik de Mersenne asallarındandır. Mersenne, Paris'te bir manastırda yaşayan bir Minim rahibiydi, René Descartes'ın yakın arkadaşıydı. İkisi de sayıları ve matematiği çok seviyorlardı. Mersenne, Avrupa'da dolaşmakta olan Descartes'ın mektuplaştığı kişiydi ve çoğu zaman Descartes'ın nerelerde olduğunu bir tek o biliyordu. Descartes ketumdu; Katolik Kilisesi'nin zinhar kabul etmediği Kopernik'in Güneş merkezli gezegen sistemi teorisini doğru bulduğu için engizisyon tarafından cezalandırılmaktan korkuyordu. Dönem, Galileo'nun yargılandığı dönemdi (1633) ve birçok düşünür ve aydın, doğaya dair görüşlerinin onlara düşman olan son derece kuvvetli dinî kurumun kulağına gitmesinden çekiniyordu.

Descartes'la Mersenne bazı mektuplarında sayılardan söz ediyorlardı. Mersenne, *p*'nin asal sayı olduğu durumda $2^p - 1$'in de mutlaka asal sayı olacağına kanaat getirmişti. Bu sayılara Mersenne asal sayıları adı takıldı. Şimdi bakalım bu kural nasıl işliyor: Asal sayıların ilki 2. Bu durumda ilk Mersenne sayısı $2^2 - 1 = 3$ olur; 3 gerçekten de bir asal sayı. Peki ikinci Mersenne sayısı ne? İkinci asal sayı 3 olduğuna göre, ikinci Mersenne sayısı da $2^3 - 1 = 7$, evet yine bir asal sayı. Sırada ne var? $2^5 - 1 = 31$, yine asal sayı. Sıradaki sayı: $2^7 - 1 = 127$, bakın bu da asal sayı. Yani, 127 sadece asal sayı değil, aynı zamanda Mersenne asal sayılarının dördüncüsü. Dolayısıyla bu çok özel bir sayı.

Mersenne bu kuralın bir teorem olduğunu, yani bu tür sayıların *daima* asal sayı çıkacağını düşünüyordu. Fakat bu teoremi ispat edemedi; zaten teoremin yanlış olduğu da ortaya çıktı. Çünkü tam da bir sonraki Mersenne sayısı, asal sayı *değildir*: $2^{11} - 1 = 2047$; bu sayı 23 ve 89'un çarpımıdır. (Ama Mersenne sayıları çoğunlukla asal sayı çıkar.) Bu yüzden 127'nin daha da özel bir sayı olduğunu düşündüm, asal olmayan ilk sayıdan önceki son Mersenne asal sayısıdır 127. K-127'yi bilim tarihine geri kazandırmaya hazır olduğumu hissettiğim anda uçağım anons edildi, hızla kapıya gittim.

Uçağa binmek için sıra beklerken, tıpkı Mersenne'in asal sayılar hakkındaki fikri gibi teorem olduğu sanılan ama teorem *olmadığı* anlaşılan fikirler hakkında bildiğim en iyi hikâyeyi hatırladım.

Japon-Amerikalı meşhur matematikçi Shizuo Kakutani, İkinci Dünya Savaşı'nın hemen ardından Avrupa'da bir başka matematikçiyi ziyarete gitmiş. Almanya'da kırlarda dolaşarak matematik hakkında sohbet ediyorlarmış. Savaşın hemen ertesinde Almanya'da ABD'nin askerî varlığı yoğundu; ülkenin batı tarafında, müttefiklerin yeni kurtardığı bölgelerde bir sürü ABD askerî üssü ve kampı bulunuyordu. Konuşmaya iyice dalmış iki matematikçi sonunda farkında olmaksızın bir Amerikan askerî üssüne girmişler. Kampın girişindeki asker bağıra bağıra durmalarını söyleyerek arkalarından koşmuş. "Ne yapıyorsunuz siz?" diye hesap sormuş asker. "Konuşuyoruz," demiş Kakutani. Asker "*Ne* konuşuyorsunuz?" diye bağırmış. Kakutani "Bir teoremden bahsediyoruz," diye cevap vermiş. "*Ne* teoremi?" diye yine sormuş asker. Kakutani bu kez, "Hiç

İnternetteki Büyük Mersenne Asalı Araması

Mersenne sayıları her zaman asal sayı olmasalar da, büyük asal sayıları bulmak için çok iyi bir yol sunarlar. Tek yapacağınız, bilinen en büyük asal sayı olarak p'yi alıp $2^p - 1$ sayısını hesaplamaktır; çünkü bu sayının da asal sayı olma ihtimali yüksektir ve üstelik elde edeceğiniz sayı, p'den üslü sayı mertebesinde büyük çıkacaktır. Ondan sonra matematikteki rutin hesaplarla bu yeni sayının sahiden de asal sayı olup olmadığına bakarsınız. GIMPS (Great Internet Mersenne Prime Search – İnternetteki Büyük Mersenne Asalı Araması) diye bir program, hep daha büyük asal sayılar bulmak için tüm dünyadaki dağılımlı hesaplama sistemini kullanıyor. Bu program, $2^{57885161} - 1$ sayısının asal sayı olduğunu buldu. Bu kitabın yazıldığı dönem itibarıyla, bu, bilinen en büyük asal sayıdır.*

* 21 Aralık 2018 tarihinde GIMPS ile bulunan $2^{82589933} - 1$ sayısı bugün bilinen en büyük asal sayı ve Mersenne asallarının 51.'sidir ve 24.862.048 basamaklıdır. Kaynak: http://www.wikiwand.com/en/Mersenne_prime, erişim tarihi Mayıs 2019 –çev. *notu.*

önemli değil," demiş, "yanlış olduğu anlaşıldı zaten".[1]

PG 933 uçuş numaralı Airbus A319 uçağına binmek için beklerken gözlerimi kapattım ve bir şey daha fark ettim. K-127, MS 683'te yazılmıştı ya, 683 de *yine* bir asal sayıydı. Bunu nasıl anladığımı bilemiyorum, sezdim diyebilirim. Sonra uçakta otururken kafamdan birtakım uzun hesaplar yaptım (hesap makinesi getirmemiştim, yanımda kâğıt kalem dahi yoktu, o yüzden kafadan hesaplamaya mecburdum) ve 683'ün sahiden de asal sayı olduğunu buldum. Bu araştırmanın her yönünde, neredeyse olağanüstü diyeceğim matematik tatları vardı. Çabamın şimdiki aşamasının da başarılı geçmesini ümit ettim, 683'ün asal sayı olması uğurlu bir işaret gibi geldi bana.

1 Bu hikâyeyi bir başka ünlü matematikçiden, Kakutani'nin arkadaşı Janos Aczel'den duydum (aramızda akrabalık yok, Aczel çok yaygın bir Macar soyadıdır).

Casselman, ben Bangkok'a gitmeden önce gönderdiği bir e-postada şüphelerini dile getirmişti. Bildiği kadarıyla Kamboçya'da, özellikle resmî makamlarda yolsuzluğun yaygın olduğunu, hiçbir yere varamayacağımdan korktuğunu söylüyordu. Ona Laos'ta karşılaştığım durumu anlatıp, karşıma çıkacak her şeye hazır olduğumu belirtmiştim. Uçakta yanımda oturan Kanadalı kadın, Punom Pen'de kadınları ve kız çocuklarını sokaklardan kurtarıp makul ücretli işler edindirmeyi amaç edinmiş uluslararası bir kuruluşta çalışıyordu; belki de Nicholas Kristof'un o iki kızı götürdüğü kuruluştu bu. Komşularının, birkaç yüz dolar rüşvet ödemedikleri takdirde, vize süreleri dolduğu için sınırdışı edilmekle korkutulduğu dehşet senaryoları anlattı. Seyahatimden söz ettiğim başka bir kişi de, K-127'yi kurtarmak için devlet görevlilerine rüşvet vermek isteyip istemediğimi sormuştu. Cevabım "Kesinlikle hayır" oldu. Ayrıca, yazıtı kurtarma çabasında Kamboçya Hükümeti'nin desteğini sunan bağlantım Ekselansları Hab Touch hakkında çok iyi bir his vardı içimde.

25

EKSELANSLARI HAB TOUCH'U Intercontinental otelinden aradığımda, benimle otelde buluşacağını, gelince odamı arayacağını söyledi. Karşımda son derece mütevazı bir insan olduğunu anlamıştım. "Hayır, lütfen izin verin sizi aşağıda bekleyeyim," dedim, ama kabul etmedi: "Hayır, hayır, siz odanızda dinlenin, ben geldiğimde sizi ararım."

Randevumuz saat 6:30'daydı. Yani yarım günüm vardı. Otelin 9. katındaki odamda oturdum, penceremden dışarı baktım. Punom Pen ile Bangkok arasındaki fark çarpıcıydı. Tayland'ın başkentinde bütün binalar parlak, ışıltılı, beyaza ya da maviye boyalı. Hepsi daha yeni yapılmış gibi; pencerelerin altında suyun bıraktığı izler yok, sokaklar öyle temiz ki yalınayak dolaşırsınız. Ayrıca herkes gülümsüyor. Tayland zengin bir ülke, ekonominin can damarlarından olan turistler krallar gibi ağırlanıyor. Ülkede yaşanan siyasi sorunlara, hatta sıkıyönetime rağmen Taylandlıların çoğu Kral'la ve kraliyet ailesiyle müthiş gurur duyuyor, pek çok kamusal mekânda kraliyet ailesinin resimleri var.

Bangkok'tan Punom Pen'e bir yolculuk, zengin bir ülke ile az gelişmiş bir ülke arasındaki farkı çok çıplak bir şekilde gözler önüne seriyor. Bu durum sahiden böyle olmamalı. Kamboçya bundan çok çok daha iyisini hak ediyor. Penceremden gördüğüm manzara kasvetliydi. Baskın renk temiz bir beyaz değil, soluk sarı ve turuncuydu. Duman ve hava kirliliği nedeniyle şehir sanki bulanık görünüyordu; yanan tarlaların veya çöplerin kokusu keskin ve kuvvetliydi. Taksiye binip nehre doğru gittim, buluşma saatine kadar biraz vakit geçirecektim.

Siem Reap'ta Tonle Sap gölünden başlayan Tonle Sap nehri kıvrıla kıvrıla gelip, Punom Pen'de büyük ve derin Mekong nehriyle birleşiyor. Şehrin kalbi bu iki nehrin arasında atıyor. Kraliyet Sarayı orada, kısa süre önce, 15 Ekim 2012'de vefat eden Kral Norodom Sihanouk için tutulan yasın işaretleri görünüyor hâlâ. Kral Norodom Sihanouk çalkantılı zamanlarda ülkeyi yönetmiş, Kızıl Kmerler'in dehşeti hâkim kıldığı dönemde çok zorlu bir süreç yürütmek durumunda kalmıştı. O dönemde yetkileri elinden alınmıştı; halkını vahşi katliamlardan kurtarmak ile hayatta kalıp halkı için mücadele edebilmek için kendi başını da korumak arasında çok ince bir çizgiden yürümek zorunda kaldı. Dolayısıyla ardında karmaşık bir miras bıraktı.

Nehir boyunda bir binanın ikinci katındaki meşhur FCC kafe ve bara gittim. FCC'nin açılımı *Foreign Correspondents Club* (Yabancı Muhabirler Kulübü); duvarlarında 1975-1979 döneminde ve sonrasında Kızıl Kmerler'in vahşetini dünyaya göstermeye cesaret etmiş gözüpek gazetecilerin fotoğrafları var. Bu gazeteciler bir fotoğraf, bir haber uğruna çok defa kendi canlarını tehlikeye atmış insanlardı ve duvarlardaki fotoğraflar da bu çabalarına kanıt niteliğindeydi. Burada tropik bir içki içip nehirlere baktım. Sokaklar motosikletlerle, bisikletlerle ve her zaman her yerde hazır ve nazır tuktuklarla doluydu. Keskin gözlü tuktuk sürücüleri, bu şehre gelen az sayıda yabancıyı gözden kaçırmıyordu. Etrafta dolaşırken iki dakikada bir, tuktuka binme ihtiyacı içinde olmadığımı işaretlerle açıklamam gerekiyordu. Saray bahçeleri açıktı, ama yastan dolayı sarayın içi gezilmiyordu. Buradan otele dönüp buluşmayı bekledim.

Randevumuz saat 6:30'daydı, 6:15'te resepsiyonist telefon ederek Ekselanslarının beni beklediğini haber verdi. Hemen aşağı indim. Yanında şoförü yahut korumaları dahi olmadan gelmesi beni şaşırttı. Orta boylu, siyah saçlı bir insandı; yüzünü, birkaç yıl müdürlüğünü yaptığı Ulusal Müze'de gördüğüm fotoğrafından tanıyordum. Hâlâ genç ve dinç görünüyordu. "Otelde yiyelim," dedi. "En kolayı olur bence." Bunun üzerine otelin lokantasına geçtik, akşam yemeği servisi henüz başlamıştı. Açık büfede Asya ve Batı yemeklerinden bolca çeşit sunuluyordu. Bu ikimize de iyi göründü, bir masaya geçip içkilerimizi söyledik.

Müze ve sanat hakkında konuştuk. Uzun zaman heykeller üstüne çalıştığını, dolayısıyla bir müzenin satın almak istediği parçanın sahte mi gerçek mi olduğunu anlayabildiğini söyledi. "Bunu hissedersiniz, altıncı bir his gibidir," dedi. "Kararınızın ardında bilimsel veya daha başka bir sebep yoktur. Heykele bakarsınız, doğru olmayan bir şey vardır onda; altıncı hissiniz bunu bilir." Bunu ilginç buldum; bazı insanlar bir sayının asal olup olmadığını hissedebilirken, bazıları da bir sanat eserinin gerçek olup olmadığını hissediyor. Sayının ya da heykelin nasıl olduğuyla, eğer dedektifseniz suçlunun duruşuyla, davranışıyla ilgili bir şey bu. İnsanlar olarak sanki bazen gerçekliği olağanüstü bir şekilde algılıyoruz; belki sayıları da böyle bulduk. Bay Hab, hayatında huzuru nasıl bulduğunu da anlattı: "Eskiden çok fakirdim, açtım, kalacak yerim yoktu," dedi. "Ben Kızıl Kmerler'in zamanında büyüdüm. 11 yaşıma gelene kadar okula gidemedim."

Kızıl Kmerler, birçok çocuğa yaptıkları gibi, onu da ailesinden koparmış; zorla çalıştırılıyormuş, çok az yemek veriyorlarmış ve çoğu zaman çıplak zeminde uyumak zorunda kalıyormuş. Bunları yaşadığı için çok üzüldüğümü söyledim. "Fakat nihayet, 11 yaşımda, 1. sınıfların çoğundan büyük yaşta okula gitmeme izin verildi. Çok ama çok çalıştım. Okulumun birincisi oldum. Böylece bir burs kazanarak üniversite okumaya Polonya'ya gittim."

Bay Hab, Polonya'ya vardığında hâlâ çocuk yaştaymış ve yalnız 80 doları varmış. "Çok büyük paraydı bu. Ailem bunu biriktirebilmek için aylarca çalışmıştı. Ve ben bütün o parayı tek seferde, ceket alabilmek için harcamak zorunda kaldım. Polonya dondurucu soğuktu. Bense bir Kamboçyalı olarak soğuk nedir bilmiyordum, hiçbir fikrim yoktu." Burs paraları yatmaya başlayınca, Hab Touch kendi başına geçinir olmuş; bir yandan müzecilikte koruma ve sanat dersleri alırken, bir yandan da gece yarılarına kadar Lehçe çalışıyormuş. Sanatı anlamayı, değerini takdir etmeyi, sanat eserlerini müzede sergilenmek üzere hazırlamayı, sergi düzenlemeyi ve eserleri tanıtan panolar oluşturmayı, müzeciliğin idari yönünü orada öğrenmiş. Lisans öğrenimini tamamlayıp yüksek lisans yapmış ve doktoraya devam etmiş. Polonya'da bir üniversitede öğretim üyesi olarak iki yıl çalıştıktan sonra Kamboçya'ya dönmüş. O zaman Lehçeyi anadili gibi konuşuyormuş, ama Kamboçya'da Lehçe konuşma fırsatını çoktandır bulamıyormuş.

Bay Hab, Punom Pen'e döndüğünde, Kamboçya Ulusal Müzesi'nde çalışmaya başlamış ve sonunda müzenin müdürü olmuş. Bunun ardından daha kıdemli bir mevkii kabul ederek, Kültür ve Güzel Sanatlar Bakanlığı'nda Kültür İşleri Daire Başkanı olmuş. "İşimi çok seviyorum," dedi. "Kamboçya'daki bütün antik tapınaklardan sorumluyum, ki 4 binden fazla antik tapınağımız var. Ayrıca Kamboçya'nın her yerinde bulunan bütün heykeller, steller ve yazıtlar da benim sorumluluğumda." Tam bunu söylerken telefonu çaldı. "Açmam gerekiyor," dedi, "bakanımız arıyor."

Telefonu kapattığında, "Android telefon kullanıyorsunuz," dedim. "Evet," dedi, "Böyle oyuncaklara bayılıyorum. Ne zaman yeni bir cihaz çıksa alır oynarım. Çünkü çocukken tek bir oyuncağım bile olmadı. Kızıl Kmerler'in zamanında, çocukların sadece çocuk olmasına imkân yoktu. Bir öğün yemek yiyebilen, yerde yatacak bir alan bulan talihli sayılırdı. Şimdi o zamanların acısını çıkarıp bu oyuncaklarla oynuyorum." Bu hikâyenin maalesef hâlâ bitmediğini biliyordum. Otelde okuduğum gazetenin başsayfasında, şimdi 80'li yaşlarını süren bir Kızıl Kmerler liderinin, neredeyse 35 yıl sonra yargılanacağından söz ediliyordu.

"Sizinle konuşmak istediğim konu, bir yazıt hakkında," dedim. "7. yüzyıldan kalma bir stel bu." Bilgisayarımı çıkarıp, K-127'nin 11 hafta önce çektiğim fotoğraflarını gösterdim. Bu yazıtın dünya matematik tarihi ve fikirler tarihi bakımından muazzam önemde olduğundan söz ettim: "Bu, insanların sıfırı anlatan bir işaret kullandığını gördüğümüz, elimizdeki en eski örnek," dedim. "Mayaların da sıfır için kullandığı bir glif var, fakat bu bizim on rakamımızla bağlantılı değil. Anladığımız kadarıyla sıfırın bulunması, bu yazıtın yazıldığı tarihten çok da eski değil ve bu yazıttaki sıfır, bilinen ilk sıfır yazısı." Bay Hab söylediklerimle ilgilenmiş görünüyordu. Şöyle devam ettim: "Bence K-127, Rosetta Taşı* kadar değerli, hatta ondan daha bile değerli."

Bay Hab bir an durdu ve "Bu yazıtın yeri kesinlikle bizim müzemizdir," dedi.

"Kesinlikle!" dedim. "Ben de tam bunun için sizinle görüşmek istedim ve elbette, yazıtı bulmama yardım ettiğinizden dolayı size çok teşekkür etmek için. Bence de K-127 Kamboçya Ulusal Müzesi'nde sergilenmeli. Hatta bana kalsa, onu müzede nereye koyardım, onu bile biliyorum..." Yanımda getirdiğim bir kitapçığı çıkardım; müzeden satın almış olduğum bir rehberdi bu. Çeşitli sergi salonlarının gösterildiği sayfayı açtım. Müzenin kuzeydoğu cephesindeki bir salona işaret edip "Bence tam buraya ait," dedim. "Burası şu anda 7. yüzyıla ait, Angkor öncesi heykel ve stellerin sergilendiği yer; K-127 de burada olmalı."

"Mükemmel," dedi. "Stelin yanında yer alacak açıklamayı da yazar mısınız? Siz eserin önemini anlatan, gereken kaynakları gösteren yazıyı hazırlayın, ben gerisini hallederim."

Sevinçten uçuyordum. "Teşekkür ederim, teşekkür ederim! Tüm umudum buydu. Açıklamayı bir-iki gün içinde size e-postayla göndereceğim." Sohbetimize rahat bir havada devam ettik. "George Cœdès sizin Angkor ve Angkor öncesi medeniyetiniz için 'Hintleşmiş' ifadesini kullanıyor, ama bu yerinde bir tanım mı, bilemiyorum," dedim. "Ben-

* 1799'da Mısır'da bulunan Rosetta Taşı ya da Reşid Taşı, MÖ 196 yılında, hiyeroglif, Mısır'da kullanılan halk dili ve Eski Yunanca olmak üzere üç dilde yazılmıştı. Hiyeroglif yazı, Eski Yunanca tercümeye bakılarak bu taş sayesinde çözüldü. Kaynak: http://www.wikiwand.com/tr/Rosetta_Ta%C5%9F%C4%B1, erişim Mayıs 2019 —*çev. notu.*

ce Güneydoğu Asya için 'Hintleşmiş' demek ile Amerikan uygarlığının 'Almanlaşmış' olduğunu söylemek aynı şey. Cœdès burada Hindu tanrılarına ve Buda'ya ibadet edildiği ve birçok yerde Sanskrit konuşulduğu için öyle düşünmüş. Öyle düşünürsek, biz de Amerika'da Almancadan gelen kelimelerle İngilizce konuşuyor, Noel Baba'ya da Santa Claus diyoruz. Ama burada bizim medeniyetimize 'Almanlaşmış' veya aynı mantıkla sizinkine 'Hintleşmiş' demek için sebep yok," dedim. "Hem zaten K-127 Sanskrit değil, Eski Kmerce yazılmış."

"Fakat," dedi, "Eski Kmerce de Sanskritten gelir ve ayrıca Angkor Wat'ta gördüğünüz sanat eserlerindeki pek çok temanın, mesela Süt Denizinin Çalkalanması kabartmasında tasvir edilen sahnenin doğrudan doğruya Hint destanları *Ramayana* ve *Mahabharata*'dan geldiğini de unutmayın. Uygarlığımız en çok Hindistan'dan etkilendi; bölgedeki bir diğer güçlü halkın, Çinlilerin bizim üstümüzdeki etkisi biraz daha azdır."

"Çinliler Kamboçya'ya Fu-Nan diyorlardı, değil mi?"

"Evet, ama bu yalnızca o dönemdeki Çin kayıtlarında geçen addır. Diğerleri Kamboçya'yı eski Çenla'nın bir kısmı sayıyordu. Buranın en önemli kısmının adı da 'Su Çenlası'ydı, çünkü su bizim için çok önemli. Görüyorsunuz, suyun bol olduğu her yerde medeniyetler doğuyor."

"Baray'ı mı kast ediyorsunuz?"

"Baray'ı ve diğer büyük su kaynaklarını."

"Sonsuz denizi," dedim.

"Evet, sonsuz denizi."

Ben sıfırın tamamen Kamboçya'ya ait bir icat, yani Kmer icadı olduğunu savunabilmeyi ummuştum. Ama bu ülkenin sanatı, tarihi ve uygarlığı konusunda hiç şüphesiz uzman olan Bay Hab, Kmer kültürünün gelişiminin erken safhalarından itibaren Hindistan'la bağlantı olduğu görüşündeydi. "Bakın, sanatsal üslupların olgunlaşması ve tamamen Kamboçya'ya özgü hale gelmesi ancak daha sonra mümkün oldu," dedi, "K-127'nin yazıldığı yıldan sonrasına tekabül eden Angkor döneminde gerçekleşti. Ondan önce dört ayrı, ya da benim iddiama göre beş ayrı sanatsal üslup vardır. Ama çok faal ve verimli bir dönem olan Angkor dönemine gelince, bu dönemin kuvvetli ve kendi kültürel üsluplarını yaratmaya hevesli krallarının etkisiyle, sanatta ve mimarlıkta daha pek çok fikir gelişti. İşte bunlar tamamen Kamboçya'ya özgüdür. Ama daha eski eserler için aynını söyleyemeyiz." Bu benim için yeni ve heyecan verici bir bilgiydi.

"Ama elbette, erken dönemler ile daha sonrası arasında bir devamlılık da var. Az önce Kültür Bakanı'yla görüştüğümüz konu, yarın birlikte yapacağımız yolculukla ilgiliydi. Sabah 5'te kalkacağım, uzun bir araba yolculuğuyla, 50 yıl önce keşfedilen bir ören yerine gideceğiz. Orada kazılar devam ediyor ve bugünlerde son derece önemli sonuçlar veriyor. Kalıntılar milattan önce 4000 yılına ait."

"Muazzam," dedim. "O halde uygarlığınız, Neolitik dönemde başladı..."

"Evet. Kazı yerinde daha ziyade taştan aletler bulunuyor, ama bunlar çok ilginç, çok ileri bir gelişim düzeyi sergiliyor. Medeniyetimiz muhakkak ki çok eski." Bay Hab'a daha sonraki dönemleri sordum. "Kamboçya'daki tapınaklar," dedi, "ki eğer tapınak gruplarını tek tapınak sayarsanız, bunların sayısı 4 bindir; eğer tek tek sayacak olursanız daha binlerce tapınak var burada; bu tapınakların çoğu milattan sonraki ilk yüzyıllara aittir. Çünkü dinler bu topraklara o tarihlerde geldi. Hinduizm ve Budizm, her ikisi de Hindistan kökenli. 7. yüzyıl ise son derece önemli bir dönem: Sambor Prei Kuk ve Mekong kıyısındaki Sambor tapınaklarının yapıldığı dönemdir bu. Belki, sıfırın da aynı dönemde bulunması dinî amaçlı inşaatlardaki ciddi artışla ilgilidir." Böyle demesine memnun olmuştum; çünkü benim Doğu'da sıfır da dahil, sayıların önce dinî amaçlarla bulunduğu fikrimi açıkça destekliyordu.

"Ve bu uygarlık bugün de devam ediyor, değil mi?" diye sordum.

"Evet, tabii," dedi. "Uygarlıkta bir kopuş yok. Krallar başkentlerini farklı farklı yerlerde kurdular, ama hep suyun bol olduğu yerlerdi bunlar ve dolayısıyla yer değiştirdiler. Sonra 9. yüzyılda Angkor'un başkent olması hamlesi gerçekleşti ve Angkor döneminden itibaren, orada sürekli yaşandı; VII. Jayavarman gibi önemli krallar buradan geçti. Angkor sonrası döneme ve bugüne kadar böyle gelindi."

Buna şaşırdım; çünkü ben hep, Henri Mouhot, Angkor'u 1800'lerde ormanların arasında yeniden keşfetti diye biliyordum. "Yani Mouhot aslında hiçbir şey keşfetmedi mi?"

"Hayır, tabii ki keşfetmedi," diyerek gülümsedi. "O bir Batı efsanesi. Tıpkı bana anlattığınız, Cœdès'in sizin K-127'yi kullanarak gayet güzel çürüttüğü, rakamların Batı'da bulunmuş olduğu efsanesi gibi. Angkor'un yerleşim yeri olma özelliği hep devam etti. Bütün bu bölgede insanlar yaşıyordu, hem de neredeyse bin yıldır buradaydılar. Mouhot sadece buraya gelip tapınağı gördü ve tapınağın orman örtüsüyle kaplanmış gibi olduğunu fark etti. Hani, antik bir binayı sarmış kocaman ağaç kökleri gördüğünüz şu meşhur fotoğraflardaki gibi. Halbuki tapınağın çevresindeki her yerde insanlar yaşıyor, tapınakta ibadet ediyorlardı. Biliyorsunuz Angkor Wat bugün de Budist tapınağı olarak kullanılmaya devam ediyor."

"Olağanüstü," dedim.

"Yarın çok erken yola çıkmam gerekiyor. Ben artık kalksam iyi olur." Vedalaştık, ona otelin kapısına kadar eşlik etmek istedim. "Hayır, lütfen zahmet etmeyin," dedi. "Yolumu bulabilirim. Size kolaylıklar dilerim. bir şeye ihtiyacınız olursa haber vermeniz yeter." Ona içtenlikle teşekkür ederek K-127'nin yanına yerleştirilecek yazıyı en kısa zamanda kendisine göndereceğime söz verdim.

Ertesi günü odamda, K-127 müzeye yerleştirildiği zaman yanına konacak açıklama üstünde çalışarak geçirdim. Ardından çalışmamı e-postayla Hab Touch'a göndererek cevap beklemeye başladım.

K-127 Yazıtı

19. yüzyılda, Mekong kıyısındaki Sambor'da, Trapang Prei'de bulundu. George Cœdès tarafından Eski Kmerceden Fransızcaya çevrildi ve 1931'de hakkında bir makale yayımlandı. Bu yazıtta, şimdiye kadar bulunan en eski sıfır rakamı yer almaktadır.

Sıfır neden önemlidir? Sıfır, sadece aritmetik hesaplarını daha doğru ve kolay yapmamızı sağlayan, hiçliği anlatan bir kavram değildir; sıfır aynı zamanda 10 tabanlı sayı sistemimizin işlemesini sağlayan, basamak değerini ifade eden yer tutucu araçtır. Sıfır sayesinde on tane rakam, sayının farklı yerlerinde tekrar tekrar kullanılabilir ve bu da bizim sistemimizi son derece etkin kılar. Örneğin, mevcut sayı sistemimizden önce, Avrupa'da ortaçağın sonlarına kadar kullanılan Roma sisteminde sayılar harflerle gösterilirdi (1 yerine I, 10 yerine X, 50 yerine L, 100 yerine C, 1000 yerine M) ve sayıyı göstermek için rakamların tekrarlanarak yazılması gerekirdi: 3373 sayısı MMMCCCLXXIII şeklinde yazılıyordu. Oysa günümüzdeki sistemimizde aynı 3 rakamının, üç farklı yerde kullanıldığını görüyoruz, bunun yazımı daha kolay ve daha ekonomiktir. Roma rakamları ise farklı bağlamlarda yeniden kullanılamazlar. Sayı sistemimizin etkin ve güçlü olmasını sağlayan, sıfırdır. Bu sayede 5 rakamı birler basamağında kullanıldığında 5'tir, fakat aynı simgeyi onlar basamağına koyduğumuzda 50 olur; burada sıfır, birler basamağının boş olduğunu gösteren yer tutucudur. Benzer şekilde, 505'in yine bu etkin yöntemle yazılması, 0'ın bu kez onlar basamağında yer tutucu olarak kullanılması sayesinde mümkün olur.

Başka bir örnek verelim: Harflerin rakam olarak kullanıldığı Grekoromen sayı sisteminden 2 binyıl önce kullanılan Babil sistemi, 60 tabanlı sayı sistemine dayanır, ancak burada yer tutucu sıfır yoktur. Babil sisteminde 60'lardan sonra (60'ın bir sonraki üssü olan) 3600'ler gelir; fakat yer tutucu sıfır olmadığı için, 62 ile 3602 arasındaki fark ancak bağlama bakılarak tahmin edilebilir. Çok daha küçük bir sayı tabanına dayanan ve sıfır için özel bir simge kullanan şimdiki sistemimiz, Grekoromen, Babil ve Mısır sistemlerine kıyasla müthiş gücünü ve kullanışlılığını işte bu yer tutucu sıfırdan alır.

Sıfırın kullanımıyla birlikte aritmetik de çok daha güçlü hale gelir; sıfırın kullanımı sayesinde negatif sayılar alanı açılmıştır; bilgisayarla (ya da cep telefonuyla, GPS'le, her türlü elektronik cihazla) yaptığımız her şey art arda dizilmiş 0'lar ve 1'lerle kontrol edilir. Tüm bunlar düşünülünce, sıfırın icadı belki de insanlığın en büyük zihinsel buluşudur.

Peki sıfırı kim bulmuştur?

Şimdiye kadar bulunan en eski sıfırı üzerinde barındıran bu yazıt Eski Kmerce yazılmıştır ve şu sözlerle başlar:

saka parigraha 605 pankami roc...

Tercümesi:

Saka dönemi, küçülen ayın beşinci gününde 605. yıla vardı...

605 sayısındaki sıfır, sayı sistemimizin şimdiye kadar bulunmuş en erken sıfır örneğidir.

Burada "605" sayısının Eski Kmer rakamlarıyla yazılışı görülüyor, ortadaki nokta sıfırdır ve bu sıfır, şu andaki bilgimiz itibarıyla, yazılmış en eski sıfırdır. Saka dönemi MS 78 yılında başlar; dolayısıyla miladi takvime göre bu yazıt 78 + 605 = MS 683 yılına aittir.

Yazıt önemli bir tarihçeye de sahiptir. 1930'lara kadar, Batı'da pek çok biliminsanı, 10 tabanlı sayı sistemimizin etkinliğinin ve kullanışlılığının temeli olan sıfır rakamının ya Avrupa'ya ya da Araplara ait bir icat olduğu görüşündeydi. O dönemde bilinen en eski sıfır Hindistan'da, Gwalior şehrindeki Çatur-bhuja Tapınağı'nda bulunuyordu. Bu sıfır rakamı 9. yüzyıl ortalarına tarihlenir. Söz konusu dönem, Arapların ticaret faaliyetinin yoğun olduğu bir dönemdir; dolayısıyla Gwalior'daki sıfır, sıfırın önce Avrupa'da veya Arabistan'da bulunup oradan Doğu'ya gitmiş olduğu şeklindeki hipotezi çürütmekte kullanılamamıştır. Ancak, buradaki yazıtta bulunan sıfır gerek Arap imparatorluğunun yükselişinden gerekse Gwalior'daki sıfırdan 2 yüzyıl daha eski olduğu için, George Cœdès 1931 yılında yayımlanan makalesinde (aşağıdaki kaynakçaya bakınız) sıfırın Doğu'ya, muhtemelen Kamboçya'ya ait bir icat olduğunu kesin olarak kanıtlamıştır. Bu yazıttan 1 yıl daha yeni olan, MS 684 yılına ait bir başka sıfırın da yaklaşık aynı dönemde Endonezya'da, Palembang'da bulunduğunu ve bu bulgunun da yine George Cœdès tarafından yayımladığını not düşmemiz gerekiyor.

K-127 numaralı bu yazıt bir süre bu müzede sergilendikten sonra, 22 Kasım 1969 tarihinde Siem Reap'taki Angkor Koruma Kurumu'na kaldırılmıştı. Kızıl Kmerler'in terör estirdiği dönemde yaklaşık 10 bin eser çalındı yahut parçalandı; bu yazıtın de nerede ve ne durumda olduğu belirsizdi. Yazıt 2 Ocak 2013 tarihinde Boston Üniversitesi'nden Profesör Amir D. Aczel tarafından Angkor Koruma Kurumu'na ait barakada tespit edilerek Ekselansları Hab Touch'un dikkatine sunulmuş ve bu suretle müzeye geri getirilmiştir.

Kaynakça

Cœdès, George, "A propos de l'origine des chiffres arabes," *Bulletin of the School of Oriental Studies*, Londra Üniversitesi, c. 6, No. 2, 1931, s. 323-328.

Diller, Anthony, "New Zeros and Old Khmer," *The Mon-Khmer Studies Journal*, c. 25, 1996, s. 125-132.

Ifrah, Georges. *The Universal History of Numbers*. New York: Wiley, 2000. [*Rakamların Evrensel Tarihi*, çev. Kurtuluş Dinçer, Alfa Yayınları, iki cilt, 2016.]

26

BAŞTAN BERİ, SIFIRIN SAYI SİSTEMİMİZDEKİ önemine, basamak değerini gösteren yer tutucu işlevine odaklandım; sistemin bir sayının onlar basamağında, yüzler basamağında, binler basamağında bir şey olmadığını gösterecek bir rakam olması sayesinde işlediğini, böylece on tabanlı sayı sistemimizde on tane rakam kullanarak tüm sayıları gösterebildiğimizi anlattım. Peki ya bir bütün olarak sayı sistemimiz nasıl ortaya çıktı?

Punom Pen Havaalanı'nın biniş bekleme salonunda Bangkok'a gideceğim uçağı beklerken, yine sıfır rakamının şanlı tarihi üstüne düşünüyordum. Kavramın ancak, tamamen Doğu'ya özgü bir düşünme şekliyle (ve ondan bağımsız olarak, Batı'da Mayalarınkinde) ortaya çıkmış olabileceğinden emindim.

Doğu düşüncesinde önemli yer tutan bir başka fikir de sonsuzluktu: "Sonsuz deniz", deniz yılanı Ananta, ebediyet ve 1, 2, 3 gibi basit sayıların ötesine geçen sayısız diğer biçim. Fakat sayılarımızın salt matematiksel bir alanda, Doğu'nun her iki kavramını, hem sıfırı hem de sonsuzu kapsayan gelişimi, Batı'da gerçekleşmişti; daha doğrusu, hem Doğu'da hem de Batı'da gelişmişti (rasyonel, irrasyonel ve karmaşık sayılar 15.-19. yüzyıllar arasında Avrupa'da teorik açıdan incelendi).

Sayıların sadece boşluktan, boş kümeden başlayıp, küme üyeliğini kullanarak tanımlanmasının mümkün olduğunu görmüştük: 1, boş kümeyi içeren küme; 2, boş kümeyi içeren küme ve boş kümeyi içeren kümeyi içeren küme, vb. Ama bu tabii, sayıları küme kavramını ve küme elemanı fikrini kullanarak tanımlayan oldukça incelikli bir yol. Gerçekteyse sayılar çok daha farklı bir şekilde gelişti.

Binlerce yıl önce Eski Babilliler ve Mısırlılar cisimlere birer sayı vermeyi, gözlemledikleri cisim dizileri içinden sayı kavramını soyutlamayı öğrendiler. Antik çağın başlarında, aslında medeniyetin şafağında yapılan belki de en büyük zihinsel keşif bir insanın, hatta muhtemelen başka yer ve zamanlarda, başka başka birkaç insanın, yerdeki üç taşı, çayırdaki üç ineği, patikada yürüyen üç kişiyi, üç buğday tanesini, üç piramidi, üç keçiyi, üç çocuğu görüp, bunların hepsinin yalnız bir tanecik ortak özelliği olduğunu fark etmesi oldu. Bu ortak özellik, "üç olma" niteliğiydi. Dört de benzer şekilde, dört tane olan birçok farklı şeyin ortak özelliğiydi. Sayılar arttıkça artıyordu ve bu anlayışın, yani aynı ayrık büyüklüğe sahip şeylerin bir bakımdan aynı olduğu anlayışının büyüsü çok ama çok kuvvetliydi, hâlâ da öyle.

Eski insanlar dillerine bu sayıları ifade eden kelimeler eklediler. Hatta, özellikle Hindistan'da ve ondan etkilenen başka birkaç Asya ülkesinde özel kelimeler, evrensel olarak kabul edilen sayı kategorilerine ait olduğunu herkesin bildiği isimler vardı ve bu isimler sayılarla aynı anlama gelir oldular. Cœdès'in 1931'de yayımlanan çığır açıcı makalesinde, Changal stelinden mükemmel bir örneğe yer verilmiş (Fransızcadan İngilizceye çeviri bana ait): "Sakaların kralının yılının sayılarla ifadesi öyledir: tatlar, duyu organları ve Vedalar."

Cœdès bilinen yiyecek tatlarının altı tane, duyuların beş, Vedalarınsa (Hindu kutsal metinleri) dört tane olduğunu açıklıyor. Dolayısıyla bu, 654 sayısını kelimelerle ifade etme yoludur. Bu yöntem Kamboçya'da, Hindistan'da, Güney ve Güneydoğu Asya'da yaygınlıkla kullanılıyordu.

Cœdès bunun ardından, Dinaya denen bir yerde 1923 yılında bulunan bir stelden örnek veriyor. Burada Saka 682 tarihi "tatlar, Vasular ve gözler" şeklinde verilmiş. Cœdès yine tatların 6 demek olduğunu, Vasuların, yani Vişnu'ya hizmet eden sekiz tane tanrının 8'i ifade ettiğini anlatıyor, gözler de bildiğimiz gibi iki tanedir.

Fakat Cœdès buradan çıkan sorunları da tartışıyor. Çeşitli coğrafyalarda ve farklı zamanlarda, hangi ismin hangi sayıyı temsil edildiği konusunda her zaman tam bir uzlaşma olmadı, belirsizlikler de vardı.[1] Bu zorluk, bugün fonetik alfabeyi kullanırken yaşadığımız zorluklara benziyor.

Telefonda konuşurken eğer bağlantı kötüyse veya İngilizcesi çok iyi olmayan biriyle konuşuyorsam soyadımı yazdırmak için her harfi bir kelimeyle anlatıyorum: "Aczel; Avrupa'nın A'sı, Charlie'nin C'si, zebranın Z'si, elmanın E'si, Larry'nin L'si." İlk aklıma gelenler bu kelimeler olduğu için onlarla anlatıyorum ve genellikle birkaç defa tekrar etmem gerekiyor.

Ama çoğu zaman doğru seçimler yapmıyorum tabii; zira NATO'nun da kabul ettiği uluslararası fonetik alfabe aslında şöyle: Alfa, Bravo, Charlie, Delta, Echo, Foxtrot, Golf, Hotel, India, Juliet, Kilo, Lima, Mike, November, Oscar, Papa, Quebec, Romeo, Sierra, Tango, Uniform, Victor, Whiskey, Xray, Yankee, Zulu. Fakat bunlar herkesin ezberinde mi?

Benzer şekilde, yüzyıllar boyu Doğu'da egemen olan, insanın dört yerine "Vedalar", altı yerine "tatlar" dediği sayı sistemi de herkes tarafından eşit derecede iyi anlaşılmış olamazdı. Sayılar için yazılı işaretlerin icat edilmesinin önemli bir sebebi buydu.

Cœdès, eski Kmer sayı sistemini tarif ediyor. 10 tabanlı bir sistem değildi bu. Günümüzde de, 30'un üstündeki sayılar 10 tabanlı olarak dışarıdan alınmış olmasına rağmen, Kmer sayı sistemi tam olarak 10 tabanlı değildir, 5 ve 20 tabanlarını da kullanır. Cœdès'in anlatımıyla, Kmerler 20'nin pek çok katını kullanıyorlar; tıpkı Fransızların yalnızca bir kez, 80 sayısında (Fransızcada 80 *quatre vingt*, yani "dört yirmi"dir) ve onun devamında gelen sayılarda (mesela 99, *quatre vingt dix neuf*, yani "dört yirmi on dokuz") yaptığı gibi. Kmerlerde bu tür çarpımlardan daha fazla var ve bu belli ki, toplam yirmi parmağımız olmasına dayanan 20 tabanlı sayı sisteminden bugüne kadar

1 George Cœdes, "A propos de l'origine des chiffres arabes," *Bulletin of the School of Oriental Studies* (Londra Üniversitesi) 6, no. 2 (1931).

gelmiş. Durum, neredeyse tamamen 20 tabanına dayanan (bunun tek istisnası, takvimlerde kısmen 18 tabanının kullanılmasıdır) Maya sayı sistemini çağrıştırıyor.

Cœdès, antik çağlarda Kmerlerin *sadece* 1, 2, 3, 4, 5, 10, 20 sayılarına sahip olduğunu, bir de 20'nin bazı katlarını kullandıklarını anlatıyor. Anladıkları sayılar bunlardan ibaretti. Bir noktada Sanskritten, 100 anlamına gelen *çaka* kelimesini aldılar. Bütün sayısal bilgiyi bu sayılarla ifade ediyorlardı.[2] Tabii bunlar hep Kmer rakamlarının henüz olgunlaşmadığı, K-127 yazıtında gördüğümüz sıfırın icadından (ya da Hindistan'dan veya başka bir yerden buraya gelmesinden) önceki dönemlerdeydi.

Tüm bunlar bana, el ve ayak parmaklarımızın gerçekten önemli olduğunu gösteriyor. Parmaklarımız olmasaydı ya da parmaklarımızın sayısı başka olsaydı, belki de sayılara bambaşka bir gözle bakacaktık. Günün birinde, ellerinde ve ayaklarında yalnız ikişer parmak olan uzaylılarla tanışacak olursak, belki sayı sistemlerinin de ikili olduğunu görürüz; onlar bilgisayarlarıyla daha doğrudan iletişim kuruyor olabilirler. Bizim sayılarımızınsa, bilgisayar tarafından anlaşılması için her zaman ikili koda (sadece 0 ve 1'in kullanıldığı koda) "tercüme edilmesi" gerekiyor.

Öte yandan, iki ellerinde ve iki ayaklarında ikişer parmakları varsa, belki de sayı sistemleri 8'e dayanır, 8 tabanlıdır... Böyle şeyler üstüne düşünmek hoşuma gidiyordu, hem de değerli buluntumun akıbeti hakkında bilgi almayı beklerken beni oyalıyordu. Bangkok'a döndükten sonra K-127'ye ne olacağına, Hab Touch'un vaatlerini gerçekleştirip gerçekleştiremeyeceğine dair haber beklerken yaşadığım gerilimi böyle meşgalelerle hafifletiyordum.

GEORGE CŒDÈS, ÇİNHİNDİ'NDE Fransız sömürge devri bittikten bir süre sonra memleketi Fransa'ya döndü. Yeni kurulan ülkeler demokrasi, parlamento, monarşi, komü-

2 *A.g.e.*, s. 327.

nizm gibi konuları oturtmaya çalışıyorlardı. Paris'te prestijli bir akademik konumda bulunan Cœdès, Güneydoğu Asya hakkında makaleler ve kitaplar yazmaya devam etti. Önemli unvanlar edindi; Tayland'ın Beyaz Fil nişanını, Fransa'nın şeref nişanını aldı. Ekim 1969'da, K-127'nin Angkor Koruma Kurumu'na taşınmasından bir ay önce Paris'te öldü. Cœdès'in birkaç çocuğu vardı; bunlardan biri Kamboçya Donanması'nda Amiral oldu. Bu nedenle, o büyük insanla aramızda bir nevi denizcilik akrabalığı varmış gibi hissediyorum.

27

9 NİSAN 2013'TE, NE ZAMANDIR BEKLEDİĞİM e-posta mesajı nihayet geldi:

> Sayın Profesör Amir,
>
> Size yazmam bu kadar uzun sürdüğü için özür dilerim. Punom Pen'de sizinle görüşmek benim için büyük zevk oldu; sıfırın tarihçesini dinlemekten memnuniyet duydum. Dünya medeniyetinin en eski sıfırı olan Kmer Sıfırı hakkındaki araştırma yazınız için teşekkür ederim. Bu heyecan verici haberi meslektaşlarımla paylaştım, yazıtın Punom Pen'deki Ulusal Müze'de sergileneceğini umuyoruz. Sizinle yeniden görüşmeyi çok isterim; bu önemli araştırmanızda size yardımcı olabileceğim her türlü hususta beni bilgilendirmenizi dilerim.
>
> En iyi dileklerimle,
>
> Touch

Sevinçten uçuyordum. Nihayet ufukta başarılı bir sonuç göründüğüne inanamıyordum. Bu yolculuk burada bitiyor muydu sahiden? Ardından gelen diğer e-postalar umduğum şeyin sonunda gerçek olacağına beni inandırdı. Ekselansları Hab Touch, pahabiçilmez K-127'nin Lorella Pellegrino'nun elinden kurtarılıp eskiden olduğu yere, ait olduğu yere, Punom Pen'deki Kamboçya Ulusal Müzesi'ne yerleştirilmesini sağlayacaktı. Bundan böyle, biliminsanları, matematikçiler, bilim tarihçileri, Kamboçya halkı ve başka ülkelerden insanlar, sayı sistemimizin şimdiye dek bilinen en eski sıfırını, tarihi değiştiren bir bulguyu, bilim tarihinde sıfırın Doğu'dan geldiğini kanıtlayan o biricik eseri burada görebileceklerdi.

Debra'yla bir kez daha Bangkok'ta buluştuk, bir hafta sonra Bahreyn'de aktarma yaparak Paris'e uçtuk. Sol yakadaki küçük otelimizde, K-127'nin yeniden bulunması hakkında kısa bir yazı yazarak *Huffington Post*'a gönderdim. Yazı birkaç saat içinde yayımlandı. Yazının bağlantısını Hab Touch'a gönderdim, insanların artık onun tabiriyle "Kmer Sıfırı'ndan" haberdar olmasından büyük memnuniyet duyduğunu söyledi. "Tartışma başlasın!" diye yazdı bana.

Tarihî eserlerin sergilenmesi ve hikâyelerinin anlatılması, ülkesine yarar sağlayabilir. Hab Touch'un, Kızıl Kmerler döneminde yağmalanıp dünyanın başka yerlerindeki müzelere satılan çok sayıda heykeli Kamboçya'ya geri getirme çabalarında başarıya ulaşmasını diliyorum. *Tribune* gazetesinde yayımlanan bir haber, New York'taki Metropolitan Müzesi'nin iki heykeli iade etmeyi kabul ettiğini, çeşitli ülkelerdeki başka müzelerin de aynını yapmayı düşündüğünü bildiriyor. Bunların Hab Touch'un müzelerle yürüttüğü müzakereler sonucu gerçekleştiğini biliyorum; benim çalışmamın, bu büyük emeğe küçük de olsa katkıda bulunması beni mutlu ediyor.

Debra Boston'a döndükten sonra, ben birkaç gün daha Fransa'da kaldım. Bu büyük macera sona ermeden, yapmak istediğim son bir şey vardı. Debra'nın Atlantik'i aşacağı uçuş için ona kontuara kadar eşlik ettim, sonra Charles de Gaulle Havaalanı 2. terminalin başka bir kısmına gittim. Yurtiçi uçuşlardan birine aldığım biletle güneye doğru yola çıktım.

28

UÇAK, FRANSA'NIN GÜNEYBATISINDAKİ Toulouse'a indi. Havaalanındaki bir araba kiralama şirketinden, Alfa Romeo marka kiralık arabamın anahtarını aldım. Güneye, Pireneler'e doğru yola çıktım.

Alfa Romeo, dik dağ yolunda virajları çok güzel alıyordu. Art arda gelen bunca keskin virajdan kıvrıla kıvrıla yokuşu tırmanmak çok keyifliydi. İki saatlik tırmanıştan sonra, ağaçları aşağıda bırakarak dağın tepesine vardım. Dağ tepesindeki bağımsız Andorra Prensliği sınırını geçmiştim. Yaklaşık 2.700 metrede, havada uçarcasına, zirvenin nefes kesici manzarasına karşı sert bir espresso içtim. Bundan sonra yol yine aşağı devam ederek Fransa sınırını yeniden geçiyordu. İki dönüş sonra aradığım yere vardım.

Ahşap bir dağ kulübesinin bahçe kapısının önünde durdum. Binanın dışında Avusturya Alplerindeki yapı süslemelerine benzer süslü paneller vardı.[1] Kapıyı çaldım, 50'li yaşlarında çekici bir kadın açtı. Mavi, uzun elbisesinin derin dekoltesi göğüs aralığına kadar iniyordu. Kadın gülümseyerek "Ah, sabahtan beri yolunuzu gözlüyor," dedi. "Hemen çağırayım. Laci!"

Laci merdivenlerden indi. 88 yaşında, gayet zinde ve sağlıklı görünüyordu. "Ne iyi ettin de geldin!" diyerek sıkı sıkı sarıldı bana. "Ne çok zaman geçti... 40 yıl olmuş mudur?"

Gülümseyerek, "Evet," dedim, "evet, çok zaman oldu. Seni görmek istedim, hem de ilgini çekecek bir haberim var." Dağ manzaralı balkona açılan geniş salonda oturduk; gemideki eski günlerden, dağlardan, matematikten ve sa-

1 Eve ve evin yerine dair bazı ayrıntılar, gizliliğin korunması amacıyla değiştirilmiştir.

yıların ortaya çıkışından konuştuk. “Seneler evvel, gemide birbirimizden ayrılırken bana bir şey söylemiştin, 1972 yılında,” dedim. Laci şaşırdı. “Bir isim, George Cœdès,” diyerek devam ettim, “Bilinen ilk sıfırı Asya’da bulan Fransız arkeologdu.”

“Ah evet,” dedi. “Belli belirsiz hatırladım şimdi. O bulmuştu, doğrudur.”

“Ama bulduğu şey kaybolmuştu,” diye ekledim. “Kızıl Kmerler…”

“Evet, her şeyi yok etmişler. Duydum. Demek o sıfır da yok artık, öyle mi?”

“Doğrusu – onu bulmayı başardım,” dedim.

“İlk sıfırı mı buldun sen?” Yaşlı ama yine de keskin gözlerinden bir ışıltı geçti.

“Evet. Bak, göstereyim sana.” Bilgisayarımı açıp K-127’nin fotoğraflarını gösterdim ona. “Tarihin en eski sıfırı bu,” dedim. “Yıllarca arayıp, nihayet buldum onu. Ve bu sıfır hakkındaki bilgileri 1931 yılında yayımlayan sahiden de Cœdès’ti; böylece sıfırın Batı veya Arap icadı olduğu iddialarını çürütmüştü.”

Laci karşımda oturmuş gülümsüyordu. “Demek en eski sıfırı buldun, dostum,” dedi. “Tebrik ederim! Az buz iş değil. Şimdi ne yapacaksın?”

“Bir bütün olarak rakamların nereden çıktığını hâlâ bilmiyoruz. Birilerinin Hint rakamlarını, Aşoka, Nana Ghat, Kharosthi yazıtlarını çalışması lazım. Buradan sağlam araştırmalar çıkabilir; sayıların gerçekten Aramice harflerden gelip gelmediğini görmek gerek. Ama sen matematikçi olarak bu tür işlerle pek ilgilenmiyorsundur herhalde.”

“Yok,” dedi, “senin sıfır kavramının kökeniyle ilgili fikrin, sıfırın Budizmdeki boşluk kavramına dayanması işi bence daha ilginç. Bakarsın, felsefeciler ilgilenir bu bağlantıyla.” Durdu, bir süre sonra devam etti: “Ama başardığın iş önemli bir iş. Onca zaman önce benimle yaptığın gündelik bir sohbetin seni böyle verimli bir araştırmaya yönlendirmesine de çok memnun oldum doğrusu.” Mutluluğu yüzünden okunuyordu, ayağa kalktı. “Başarmışsın, başarmışsın! Seninle çok gurur duydum!" Elimi sıktı. "Buna içilir," dedi. Heyecanla o kadını çağırdı; eşi miydi, sevgilisi miydi bilmiyorum. Kadın bize buzlu viski getirdi. Bir kavanoz siyah Rus havyarı açtı, kızarmış ekmeklere havyar sürdü üçümüz için. Gerçek Hazar mersinbalığı yumurtasıydı bu, biliyordum. Epey pahalı olmalıydı. "Gemide havyar yediğimizi hatırlıyorum," dedim. "Ama o bol paralı Zim Deniz Yolları, geminin içine Chagall'in, Miró'nun orijinal yağlıboya resimlerini koyacak kadar masraf yapıyordu ve havyarları da onlar ikram ediyordu; zaten böyle lükslere o kadar para harcadıkları için battılar sonunda."

"Ah, merak etme sen." Laci doğrulup bana baktı. "Biz burada bunlardan bolca buluyoruz." Kadın kastedileni anlayarak güldü, salona bitişik mutfağa geçerek kocaman buzdolabını açtı. Dolabın içi kavanoz kavanoz Hazar havyarı doluydu. Barda da pahalı likörler dizilmişti: İskoç viskisi, Calvados, Drambuie, Grand Marnier, sake. Kafam karıştı, Laci'ye baktım.

Biraz durup "Eh," dedi, "yolun hemen yukarısında Fransız gümrük kapısını görmüşsündür herhalde, değil mi? Görmemiş olamazsın." Anlayamıyordum. "Andorra'nın dünyanın son vergi cennetlerinden olduğunu da biliyor olsan gerek." Başımla onayladım. Kafamda belli belirsiz bir şeyler canlandı. Kısa süren bir sessizlik oldu. Bana baktı Laci, "Gece geç saatlerde işte o geçiş kapısında hiç kimse olmuyor. Ve bu ev de tam..."

Sözünü keserek "Aynen annemin valizi gibi," dedim.

İhtiyar dudaklarında tam bir numaracı gülümsemesi belirdi. "Aynen annenin valizi gibi."

SONSÖZ

27 MART 2015'TE KAMBOÇYA Kütür ve Güzel Sanatlar Bakanı Ekselansları Phoeurng Sackona Hanımefendi'yle görüştüm. Punom Pen'deki Bakanlık binasının zarif kabul salonunda, K-127'nin kendisinin emriyle Ulusal Müze'ye yerleştirilmiş olduğunu bildirdi. Ertesi gün müzenin atölyesinde bana bu değerli steli gösterdiler. Eser sergilenmek üzere temizleniyordu.

Kaynakça

Artioli, G., V. Nociti ve I. Angelini. "Gambling with Etruscan Dice: A Tale of Numbers and Letters." *Archaeometry* 53, no. 5 (Ekim 2011): 1031-43.

Aubet, M. E. *The Phoenicians and the West.* Cambridge: Cambridge University Press, 2001.

Augustinus. *The City of God.* New York: The Modern Library, 2000.

Boyer, Carl B., ve Uta Merrzbach. *A History of Mathematics.* 2. basım. New York: Wiley, 1993. Bu eser Babil, Mısır, Yunan ve diğer eski uygarlıklarda matematik üzerine standart bir bilimsel kaynak; eski Hint rakamlarının bir tanımını da içeriyor, ancak Güneydoğu Asya'da bulunan en eski sıfırlardan söz etmiyor.

Briggs, Lawrence Palmer. "The Ancient Khmer Empire." *Transactions of the American Philosophical Society* (1951): 1-295. Kamboçya'da bulunmuş ancak şimdi kayıp olan bazı yazıtlar hakkında bilgi içeriyor.

Cajori, Florian. *A History of Mathematical Notations.* 1. ve 2. cilt. New York: Dover, 1993. Matematik işaretleri hakkında harika bir bilgi kaynağının yeniden basımı; Güneydoğu Asya'da bulunan en eski sıfırlardan söz etmiyor.

Cantor, Moritz. *Vorlesungen uber Geschichte der Mathematik.* 1. cilt, Berlin, 1907.

Cœdès, George. "A propos de l'origine des chiffres arabes." *Bulletin of the School of Oriental Studies* (Londra Üniversitesi) 6, no. 2 (1931): 323-28. Cœdès'in yine kendisi tarafından Kamboçya'da keşfedilen ve zamanında bilinen en eski sıfırdan iki yüzyıl daha önceye ait olan sıfırı bildirdiği ve analiz ettiği, sayı sistemimizin gelişiminin bütün kronolojisini değiştiren çığır açıcı makale.

Cœdès, George. *The Indianized States of Southeast Asia.* Hilo: University of Hawaii Press, 1996. Güneydoğu Asya tarihine dair kapsamlı ve yetkin bir kaynak, Cœdès'in en eski rakamların keşfiyle ilgili çalışmalarından da söz ediyor.

Cunningham, Alexander. "Four Reports Made During the Years 1862-1865." *Archaeological Survey of India* 2 (1871): 434.

Dehejia, Vidaya. *Early Buddhist Rock Temples.* Ithaca: Cornell University Press, 1972. Çok eski rakamlar da dahil olmak üzere, Budist taş ve mağara yazıtlarının mükemmel bir anlatımı.

Diller, Anthony. "New Zeros and Old Khmer." *Mon-Khmer Studies Journal* 25 (1996): 125-32. Kamboçya'da 7. yüzyıla tarihlenen ilk sıfırlar hakkında yakın tarihli bir kaynak.

Durham, John W. "The Introduction of 'Arabic' Numerals in European Accounting." *Accounting Historians Journal* 19 (Aralık 1992): 25-55.

Emch, Gerard ve diğ., ed. *Contributions to the History of Indian Mathematics.* New Delhi: Hindustan Books, 2005.

Escofier, Jean-Pierre. *Galois Theory.* İng. çev. Leila Schneps. New York: Springer Verlag, 2001.

Gupta, R. C. "Who Invented the Zero?" *Ganita Bharati* 17 (1995): 45-61.

Hayashi, Takao. *The Bakhshali Manuscript: An Ancient Indian Mathematical Treatise.* Groningen: Egbert Forsten, 1995.

Hayashi, Takao. *Indo no sugaku* [Hindistan'da Matematik]. Tokyo: Chuo koron she, 1993.

Heath, Thomas. *A History of Greek Mathematics,* 1. cilt. New York: Dover, 1981.

Ifrah, Georges. *The Universal History of Numbers.* New York: Wiley, 2000 [*Rakamların Evrensel Tarihi,* çev. Kurtuluş Dinçer, Alfa Yayınları, iki cilt, 2016]. Rakamların tarihi hakkında çok tanınan, kapsamlı, sıkça alıntılanan bir eser. Ancak çok bilimsel olmadığı gibi, özgün araştırmaya dayalı bir çalışma da değil. Bu eserin sürekli ilgi görmesi, insanlığın zihinsel tarihindeki bu kritik aşamanın daha ciddi ve derin bir analizine duyulan ihtiyacı gösteriyor.

Jain, L. C. *The Tao of Jaina Sciences.* Yeni Delhi: Arihant, 1992.

Kanigel, Robert. *The Man Who Knew Infinity: A Life of the Genius Ramanujan.* 5. Basım. New York: Washington Square Press, 1991.

Kaplan, Robert, ve Ellen Kaplan. *The Nothing that Is: A Natural History of Zero.* New York: Oxford University Press, 2000. Matematikteki sıfır fikri hakkında iyi bir kaynak, bu sembolün gelişimine dair bir miktar bilgi verse de ilk görüldüğü yerler hakkında bilgi içermiyor.

Karpinski, Louis C. "The Hindu-Arabic Numerals." *Science* 35, no. 912 (21 Haziran 1912): 969-70.

Kaye, G. R. "Notes on Indian Mathematics: Arithmetical Notation." *JASB*, 1907.

Kaye, G. R. "Indian Mathematics." *Isis* 2, no. 2 (Eylül 1919): 326-56. Kaye'in, rakamların icadında Hintlilerin öncü olmasına ihtimal vermeyen, bugün kötü tanınan makalesi.

Keay, John. *India: A History*. New York: Grove Press, 2000. Genel Hindistan tarihi konusunda mükemmel bir kaynak.

Keyser, Paul. "The Origin of the Latin Numerals from 1 to 1000." *American Journal of Archaeology* 92 (October 1988): 529-46.

Lai, Kanwon. *Immortal Khajuraho*. New York: Castle Books, 1967. Khajuraho Tapınaklarının genel bir anlatımı.

Lansing, Stephen. "The Indianization of Bali." *Journal of Southeast Asian Studies* (1983): 409-21. Endonezya'da rakamlarla ilgili keşiflerden de söz ediyor.

Mann, Charles C. *1491: New Revelations of the Americas Before Columbus*. New York: Knopf, 2005. Maya rakamlarına ve sıfır glifine dair iyi bir tanım.

McLeish, John. *The Story of Numbers*. New York: Fawcett Colombine, 1991.

Nagarjuna. *The Fundamental Wisdom of the Middle Way*. İng. çev. Jay L. Garfield. New York: Oxford University Press, 1995.

Neugebauer, Otto. *The Exact Sciences in Antiquity*. Princeton, NJ: Princeton University Press, 1952.

Nhat Hanh, Thich. *The Heart of the Buddha's Teaching*. New York: Broadway, 1999.

Nicholson, Louise. *India*. Washington, DC: National Geographic, 2014.

Pich Keo. *Khmer Art in Stone*. 5. Basım. Punom Pen: National Museum of Cambodia, 2004.

Plofker, Kim. *Mathematics in India*. Princeton, NJ: Princeton University Press, 2009. Antik dönemden beri Hindistan'da matematik alanındaki genel gelişmelere dair mükemmel ve kapsamlı bir kaynak.

Priest, Graham. "The Logic of the *Catuskoti*." *Comparative Philosophy* 1, no. 2 (2010): 24-54.

Raju, C. K. "Probability in India." *Philosophy of Statistics* içinde, ed. Dov Gabbay, Paul Thagard ve John Woods, 1175-95. San Diego: North Holland, 2011.

Robson, Eleanor. "Neither Sherlock Holmes nor Babylon: A Reassessment of Plimpton 322." *Historia Mathematica*, 28 (2001): 167-206.

Robson, Eleanor. "Words and Pictures: New Light on Plimpton 322." *Journal of the American Mathematical Association*, 109 (Şubat 2002): 105-20.

Smith, David Eugene. *History of Mathematics, volume 2: Special Topics in Elementary Mathematics.* Boston: Ginn and Company, 1925.

Smith, David Eugene, ve Louis Charles Karpinski. *The Hindu-Arabic Numerals*. Boston: Gin and Company, 1911.

Ta-kuan, Chou. "Recollections of the Customs of Cambodia." Fr. çev. Paul Pelliot, *Bulletin de l'Ecole Française d'Extrême-Orient,* No. 1 (123), (1902): 137-77. İngilizce tekrar basımı Mirsky, Jeannette, ed. *The Great Chinese Travelers.* Chicago: University of Chicago Press, 1974.

Tillemans, T. "Is Buddhist Logic Non-Classical or Deviant?" *Scripture, Logic, Language: Essays on Dharmakirti and his Tibetan Successors* içinde. Boston: Wisdom Publications, 1999.

Wolters, O. W. "North-West Cambodia in the Seventh Century." *Bulletin of the School of Oriental and African Studies* (University of London) 37, no. 2 (1974): 355-84.

Zegarelli, Mark. *Logic for Dummies.* New York: Wiley, 2007.

Dizin